Jürß/Ehlers · Aristoteles

1 Aristoteles (384–322 v. u. Z.)

Biographien
hervorragender Naturwissenschaftler,
Techniker und Mediziner   Band 60

Aristoteles

Prof. Dr. sc. Fritz Jürß · Dr. Dietrich Ehlers
Berlin

3., durchgesehene Auflage

Mit 12 Abbildungen

BSB B. G. Teubner Verlagsgesellschaft · 1989

Herausgegeben von
D. Goetz (Potsdam), I. Jahn (Berlin), H. Remane (Halle),
E. Wächtler (Freiberg), H. Wußing (Leipzig)
Verantwortlicher Herausgeber: D. Goetz

Jürß, Fritz, und Dietrich Ehlers:
Aristoteles / Fritz Jürß und Dietrich Ehlers. – 3. Aufl. –
Leipzig : BSB Teubner, 1989. – 102 S. : 12 Abb. –
(Biographien hervorragender Naturwissenschaftler,
Techniker und Mediziner ; 60)
NE : GT

ISBN 978-3-322-00664-6   ISBN 978-3-322-93039-2 (eBook)
DOI 10.1007/978-3-322-93039-2

ISSN 0232–3516
© BSB B. G. Teubner Verlagsgesellschaft, Leipzig, 1984, 1989
3. Auflage · Fotomechanischer Nachdruck
VLN 294-375/1/89 · LSV 0118
Lektor: Hella Müller

Gesamtherstellung: INTERDRUCK Graphischer Großbetrieb Leipzig,
Betrieb der ausgezeichneten Qualitätsarbeit, III/18/97
Bestell-Nr. 666 057 3

00680

Inhalt

Einleitung

Was die Großen der Geistesgeschichte an wissenschaftlichen Erkenntnissen eingebracht haben, nimmt einen bevorzugten Platz im kulturellen Erbe ein, dás zu erwerben einer gebildeten sozialistischen Nation immer erneut aufgegeben ist. Aristoteles zählt zu den Großen, und das eben deshalb, weil er niemals nur das antiquarische Interesse der mit der Traditionspflege befaßten Gelehrten, sondern gerade auch die oft leidenschaftliche Anteilnahme derer erregt hat, die der überkommenen Tradition ein Stückchen Fortschritt hinzuzufügen bemüht waren. Er ist ein Großer, weil seine Lehren sich bis in die Gegenwart hinein als ein nahezu unerschöpflicher Schatz heuristischer Möglichkeiten für einen solchen Fortschritt des Denkens erwiesen haben, denn hier fand man immer wieder Antworten auf Fragen, die doch durch die je aktuellen historischen Bedingungen eben erst gestellt zu sein schienen. So zeichnet ihn denn aus, daß er oft Anregung, Vorlage, Zündstoff war, daß er, häufig heftig umstritten, im guten und auch im weniger guten weiter gewirkt hat, gleich, ob der gewirkte Fortschritt dann mit oder gegen Aristoteles geschah, gleich, ob der Fortschritt einer treffenden Einsicht in seine Philosophie oder einem fruchtbaren Mißverständnis zu verdanken war.

Aber bei weitem nicht alles, was Aristoteles an weniger Gutem gewirkt hat, geht zu seinen Lasten. Es ist gewiß nicht seine Schuld, daß die oft beschränkten, vom Traditionalismus beherrschten Zeiten der Spätantike und des Feudalismus das lebendige, unfertige, die Probleme immer erneut auf Lösungsmöglichkeiten hin durchspielende Denken des Aristoteles nur in Form eines fertigen, geschlossenen Systems fassen konnten. Dadurch erhielt seine an aufregenden Widersprüchen und Fragestellungen reiche Lehre einen dogmatischen Charakter, der für alle kanonische Geltung unerläßlich ist. Was diese Nachwelt von Aristoteles bewahrt wissen wollte, wies nur wenig in die Zukunft und lief als Aristotelismus um. Auch hier wurden, wie so oft, die zum Weiter- und Umdenken anregenden Überlegungen zur Schablone eines Ismus verkürzt und vereinfacht.

2 Griechenland vor dem Peloponnesischen Krieg (431 v. u. Z.)

Wie anregend Aristoteles im Grunde sein kann, davon geben uns gerade die Väter der kommunistischen Weltanschauung einen deutlichen Begriff. Wenn Marx ihn als „Denkriesen" und „Gipfel der alten Philosophie" bezeichnet, wenn Engels in ähnlicher Weise seine Verdienste um die Dialektik rühmt und auch Lenin nicht mit Anerkennung spart, so sind diese Superlative nur Ausdruck des deutlichen Bewußtseins, wieviel sie selbst dem antiken Denker verdanken. Bei zahlreichen Gelegenheiten haben Marx und Engels an Aristoteles angeknüpft, ihn in der Auseinandersetzung weitergedacht und dabei die geistige Gestalt des Griechen in ihrer ganzen Größe, aber auch in ihrer geschichtlich bedingten Begrenzung zu begreifen versucht. In diesem Sinne haben dann Gelehrte der folgenden Generationen sich bemüht, das aristotelische Denken, wie es eigentlich gewesen ist, aus den vielfachen Brechungen der Überlieferung und aus der dogmatischen Verkrustung des Aristotelismus herauszukristallisieren und vom Hintergrund seiner sozialen und geistigen Voraussetzungen her zu verstehen. Dabei hat Aristoteles nur gewonnen. Immer deutlicher wird uns so der Universalismus und die Wissenschaftlichkeit seines Wissens, in der sich eine relative Ausgewogenheit im Spannungsverhältnis von Philosophie und Fachwissenschaften zeigt, die schon gleich nach Aristoteles weitgehend verlorenging. Immer deutlicher tritt seine realitätsbewußte, weitgehend an materialistischen Gesichtspunkten orientierte Forschung hervor, die der Empirie einen Basiswert einräumt und mit der Formalisierung-und bewußten Anwendung des dialektischen und logischen Denkens eine erste methodische Strenge erreicht. Und dann gelingt ihm auch der Versuch, diesem neuen Denken eine angemessene sprachliche Hülle zu geben. Erst Aristoteles schuf jene philosophisch-wissenschaftliche Terminologie, die trotz mancher begrifflichen Wandlung bis heute fortlebt: Form und Stoff, Gattung und Art, Allgemeines und Einzelnes, Substanz und Akzidenz, Wirklichkeit und Möglichkeit und viele Begriffe mehr sind seine Schöpfungen. Angesichts solcher Leistungen sollten wir den Rat von Engels befolgen, „zu einer wirklichen Kenntnisnahme der griechischen Philosophie" fortzuschreiten, und dabei einem ihrer großen Höhepunkte, dem Aristoteles, besondere Aufmerksamkeit widmen.

Die Persönlichkeit und ihre Gesellschaft

Die soziale und geistige Revolution der Griechen

Aristoteles war Grieche. Um zu begreifen, wie er werden konnte,
was er war, müssen wir vorab Griechenland als geographische,
gesellschaftlich-politische und geistige Erscheinung in den Grund-
zügen erfassen. Da ist zunächst die merkwürdige Tatsache, daß es
ein Land der Griechen überhaupt nicht gab, sondern eine Vielfalt
kleiner, politisch und wirtschaftlich unabhängiger Stadtstaaten (Poleis), deren fortschrittlichste an den Randzonen traditionsreicher
Kulturen verstreut und untereinander oft arg zerstritten waren. Was
diese Poleis maßgeblich geprägt hat, war ein an urgesellschaftlichen
Gleichheitsvorstellungen anknüpfender Demokratisierungsprozeß,
der, durch keine zentralistische Despotie altorientalischen Typs blok-
kiert und von scharfen Klassenkämpfen vorangetrieben, Möglichkeiten für die freie, individuelle Selbstverwirklichung des Menschen
schuf. Solche Entfaltung des Individuums hatte die Entstehung des
damals sehr progressiven Privateigentums zur Basis, das dem einzelnen die Verfügungsgewalt über die Bedingungen und Ergebnisse
seiner Arbeit erlaubte. So entstand eine gegenüber dem Alten Orient
unverkennbare revolutionäre Wandlung in den Produktionsverhält-
nissen, in deren Rahmen der an Fähigkeiten und Selbstgefühl ge-
wachsene Mensch ganz neue Produktivkräfte und ein ganz neues
Denken über die Welt entwickelte. Die gesteigerte Produktivität
der Arbeit erzeugte mit den geld- und warenwirtschaftlichen Ver-
hältnissen einen grundlegend neuen ökonomischen Bereich, der den
hier tätigen Kaufleuten und Gewerbetreibenden größeres politisches
Gewicht gab, sie zum Träger des sozialen Fortschritts machte und
zugleich jenes Mehrprodukt schuf, das die für das neue Denken nö-
tige Muße möglich machte. Mit der steigenden Produktivität und
dem zunehmenden Bedarf an Arbeitskräften gewann freilich auch
die Skaverei an Bedeutung, die bald zum bestimmenden Faktor der
Produktion wurde. Gerade in der Sklaverei der einen wurzelte die
Muße für die volle menschliche Entfaltung der anderen (Marx).
Dieser Muße, über die kaum jemand so gründlich nachgedacht hat
wie Aristoteles, verdanken wir jenes beispiellose Erbe an politi-

scher, künstlerischer, wissenschaftlicher und philosophischer Leistung, in der die geschichtliche Größe der Griechen ihren Grund hat.

Die intellektuelle Revolution begann lange vor Aristoteles gegen Ende des 7. Jh. v. u. Z. und ist mit den Namen der ionischen Naturphilosophen Thales, Anaximander und Anaximenes verbunden. Sie waren es, die damit begannen, die von einer neuen Reproduktionsweise des gesellschaftlichen Lebens immer ausgehende Herausforderung nach angemessenen neuen Formen der Wirklichkeitswiderspiegelung und Weltanschauung zu beantworten. Die Art der Antwort war gleichsam determiniert; denn da die nun komplizierter gewordene Bewegung der wirtschaftlichen und politischen Verhältnisse mit dem illusionären Bewußtsein des alten Mythos weder praktisch noch theoretisch zu bewältigen war und nach einer ersten bewußten Weise der Steuerung verlangte, stand der Entwurf von stärker realitätsbezogenen, rationalen und materialistischen Anschauungen auf der historischen Tagesordnung. Hier wurde der Mythos allmählich durch die Wissenschaft, der Priester durch den Philosophen ersetzt. So entwickelte sich aus der durch Sammlung und Sichtung von Erfahrungsdaten geprägten und auf der Grundlage des religiösen Weltbildes interpretierenden Naturkunde des Alten Orients die qualitativ höhere theoretische Form einer auf rationale Erklärung und objektive Gesetzmäßigkeiten orientierten Wissenschaft. Dieser Prozeß vollzog sich mit beispielloser dialektischer Intensität. Denn wie sich das Eigentum privatisierte und individualisierte, so auch die Ansichten über die Natur der Dinge nach der Zerstörung des Kollektivismus der mythischen Weltanschauung mit seinem verbindlichen Totalitätsanspruch. Durch den lebhaften Widerstreit der Meinungen und den scharfen Wettbewerb um die Wahrheit der Wirklichkeitsabbildung gewann das philosophiegeschichtliche Geschehen Tempo und Dichte. Auf dem Wege wachsender Differenzierung und Komplizierung hat das Denken in rascher Folge neue Probleme erkannt und Lösungen für alte Fragen entworfen. Dieser Weg führte über die frühgriechischen Denker, über Demokrit und die Sophisten, über Sokrates und Platon zu Aristoteles.

Lebenslauf und Überlieferung

Was uns über das Leben des Aristoteles aus dem Altertum überliefert wird, sind ein paar ebenso spärliche wie unsichere Nachrichten, die oft gar nicht das betreffen, was uns wichtig und bedeutsam an diesem Denker erscheint. Hier das Faktische von der Fiktion, die Wahrheit von der Dichtung zu scheiden, hat der altertumswissenschaftlichen Forschung seit jeher keine kleinen Schwierigkeiten gemacht. Besonders in der niedergehenden Sklavereigesellschaft, als sich das Gefühl verstärkte, nichts Kluges mehr denken zu können, das nicht die Vorwelt schon gedacht, wurde auch die Philosophiegeschichtsschreibung oft zu einem Kuriositätenkabinett gelehrter Meinungen über alles und jedes. Da waren die zeitüberspannenden fruchtbaren Probleme dann zu unfruchtbaren Lehrsätzen entschärft, und vor der großen Geschichte der Philosophie dominierten die kleinen Philosophengeschichten. Auch über Aristoteles hat die Historie Gutes und Böses zusammenfabuliert, je nachdem, ob ein Freund oder Feind seiner Philosophie die „Feder" führte. So soll er stets sorgfältig gekleidet, frisiert und ein Liebhaber kostbarer Ringe gewesen sein. Darüber haben sich andere Griechen mokiert, die, wie etwa die kynischen Philosophen, gegen alle Kultur und Gesittung mit schlampiger Kleidung und mit bewußt obszönem, in der öffentlichen Befriedigung ihrer sexuellen Bedürfnisse gipfelndem Betragen protestierten oder die in Askese, Weltflucht und Ablehnung jeden Wohlstandes das Wahrzeichen echten Philosophentums sahen. Aristoteles jedenfalls erwies sich offenbar auch mit dieser Neigung als Schüler der platonischen Akademie, deren Anhänger eine sogar von Aristophanes bespöttelte Vorliebe für gepflegte äußere Erscheinung zeigten.
Weitere Mitteilungen der Überlieferung, wie die, daß Aristoteles unter Beinschwäche litt, unlautere Beziehungen zu seinem Freund Hermias und Umgang mit Dirnen gehabt habe, darf man wohl achselzuckend beiseite tun. Geboren wurde er jedenfalls 384 v. u. Z. in Stageira. Die Polis lag auf der ehemals zum Territorium der Thraker gehörenden Halbinsel Chalkidike im Norden des ägäischen Meeres und war nun Teil des makedonischen Reiches geworden. Sie zählte zu den zahllosen Koloniegründungen, mit denen die Griechen die Küstengebiete schon seit der Dorischen Wanderung um 1200 v. u. Z. und dann verstärkt seit 750 v. u. Z. überschwemmt

hatten. Viele dieser Stadtstaaten waren aufgrund ihrer Randzonenlage zu Umschlagplätzen zwischen dem Getreide- und Rohstoffreichtum des nichtgriechischen Hinterlandes und den Fertigwaren aus Übersee geworden. In diesen blühenden Handelszentren, wo auch Weltbilder aufeinanderstießen und sich gegenseitig in Frage stellten, entwickelte sich häufig ein reges geistiges Leben. Daß ähnliches auch für Stageira galt, ist wahrscheinlich.

In den Familien beider Elternteile des Aristoteles wurde der medizinische Beruf betrieben. Der Vater Nikomachos war im benachbarten Makedonien als Leibarzt des dortigen Königs tätig, dessen Enkel Alexander der Große werden sollte. Wir dürfen vermuten, daß die wohlhabende Familie dem Jungen eine gründliche Ausbildung seiner intellektuellen Fähigkeiten verschaffte und daß gerade die Atmosphäre des väterlichen Berufes seinen Sinn für Tatsachen und subtile Beobachtung vorgeformt hat. Nach dem frühen Tode seines Vaters übernahm dessen Schwager Proxenos von Atarneus die Vormundschaft. Mit 17 Jahren ging Aristoteles dann nach Athen und wählte dort unter den zahlreichen Einrichtungen die platonische Akademie für seine philosophischen und wissenschaftlichen Studien.

Athen und die Akademie Platons

Athen, zunächst weit weniger bedeutsam als Milet und die anderen Poleis an der ionischen Westküste Kleinasiens, hatte die Hauptlast der Perserkriege in der ersten Hälfte des 5. Jh. getragen und dann nach dem siegreichen Ende eine Führungsrolle unter den verbündeten Stadtstaaten erreicht. Die militärisch-politische Hegemonie, die zur Ausbeutung der ehemaligen Bundesgenossen genutzt wurde, verschaffte im Verein mit dem größeren Einsatz von Sklaven der Stadt einen gewaltigen wirtschaftlichen Wohlstand, auf dessen Basis sich ein Optimum an Demokratie für die Freien und eine relative Ausgewogenheit der Klassengegensätze entwickelte. Dieser Gipfel wurde unter der klugen Führung des Politikers Perikles erreicht. Es war die klassische Zeit der griechischen Kultur mit ihren norm- und musterhaften Meisterwerken in Architektur und Plastik, in lyrischer und dramatischer Dichtung, in Geschichtsschreibung und Philosophie. Athen wurde allmählich zur „Bildungsstätte ganz Griechenlands" (Thukydides) und zog viele Denker und Dichter aus den anderen Stadtstaaten in ihren Bann.

12

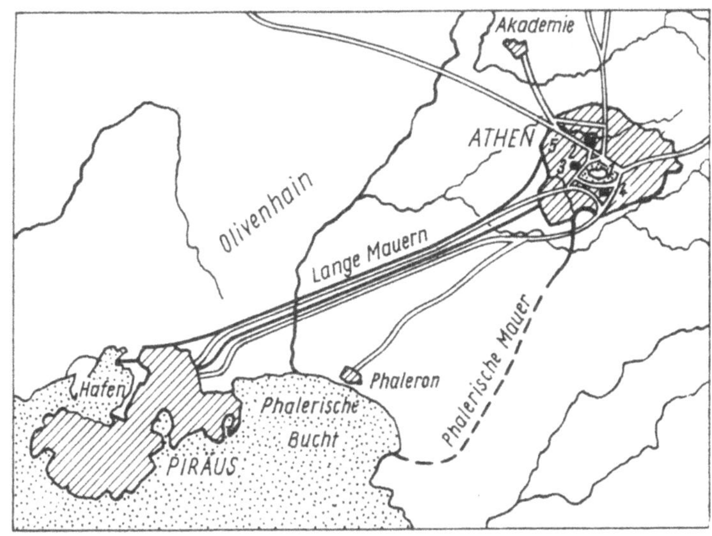

3 Athen mit dem Hafen Piräus im Altertum. Inmitten der Stadt lag der 156 m hohe Kalksteinfels der Akropolis; die Langen Mauern dienten dem Schutz der Bevölkerung in Kriegszeiten (1 Akropolis, 2 Agora, 3 Areopag, 4 Dionysostheater, 5 Töpferviertel)

Mit dem Peloponnesischen Krieg (431–404) freilich und dem für Athen unglücklichen Ausgang schwanden die ökonomische und auch die soziale Wohlfahrt, die gleichsam eine Anleihe bei der Zukunft der gesellschaftlichen Entwicklung gewesen war. Athen hatte über seine Verhältnisse auf Kosten der Sklaven und vor allem der Bundesgenossen gelebt und sich so einen sozialen Status und ein Maß an Möglichkeiten menschlicher Selbstverwirklichung erlaubt, das in den eigenen Produktionskapazitäten ganz gewiß keine ausreichende Basis besaß. Mit den Kriegswirren kam die Misere. Die relative soziale Ausgeglichenheit wich einer wachsenden Spannung, die die stadtstaatliche Organisationsform der Gesellschaft überhaupt in Frage stellte. Diese Krisensituation machte die gesellschaftlichen Triebkräfte durchschaubarer, schärfte das Bewußtsein für die Probleme des menschlichen Zusammenlebens und setzte zu ihrer Lösung zahlreiche Potenzen frei, die sich in Kunstwerken und vor allem in den großen philosophischen Entwürfen artikulierten.
In diese Zeit der Krise fällt auch das Leben und Denken des Aristo-

teles und seine Ankunft in Athen, wo er 367 v. u. Z. eintraf. Hier hatte Platon gegen 387 v. u. Z. seine Schule in der Akademeia gegründet, einem der ältesten Gymnasien, das seinen Namen dem umliegenden Hain verdankt, der dem Heros Akademos heilig war. Gymnasien mit ihren Hallen, Höfen, Gärten und Bädern waren öffentliche Treffpunkte für die bemittelten männlichen Bürger, die dort in älteren Zeiten nackt (gymnos) zusammenkamen, um durch sportliche Spiele ihre physischen Fähigkeiten auszubilden. Allmählich aber gewannen diese Einrichtungen als Bildungsstätten des Geistes an Bedeutung. Und wer in der Zeit der Poliskrise über den Verlust der moralischen und geistigen Maßstäbe Unbehagen empfand und nach neuen Verbindlichkeiten suchte, wer, vom Problembewußtsein geplagt, in den brennenden Fragen nach den Triebkräften des sozialen und des kosmischen Geschehens Belehrung finden oder Auskunft geben wollte, dem waren hier wissensdurstige Zuhörer und kritische Diskussionspartner sicher. In den Gymnasien hatten die Sophisten und Sokrates ihr Publikum gefunden, und hier hat vielleicht auch Platon Gespräche geführt und Vorträge gehalten, bevor er ein eigenes Schulgebäude und ein Wohnhaus errichten ließ. So scheint sich aus den zunächst improvisierten und sporadischen Unterredungen und Vorlesungen erst allmählich ein systematisches Lehrprogramm und ein organisierter Schulbetrieb entwickelt zu haben. Die Akademie sollte nach dem Anliegen Platons eine „Kaderschmiede" werden, die durch mathematische Schulung und Ideendialektik jene dem Guten, Wahren und Schönen verpflichteten Politiker-Philosophen zu formen hätte, die dann fähig wären, den in die Krise geratenen Stadtstaat in aristokratischem Sinne zu restaurieren.
In der Atmosphäre der Akademie formte sich auch das geistige Profil des Aristoteles, der seine Philosophie in der unablässigen Auseinandersetzung mit dem platonischen Denken entwickelte. Insofern heißt von Aristoteles reden auch immer über Platon sprechen, der einer der ganz großen Idealisten gewesen ist und die künstlerische und wissenschaftliche Aneignungsweise der Wirklichkeit in ihrer Einheit verkörpert hat. Bezeichnend und zu wenig bewußt ist, daß er uns keine Lehrsätze hinterlassen hat. Er hat das Gespräch, das Denkmöglichkeiten entwickelt und Lösungen erwägt, in seinen Dialogen kunstvoll verdichtet. Das war die ästhetische Adaption der schon von Sokrates als Mittel der Wahrheitsfindung in zahllosen Disputen praktizierten Dialektik, in der das argumentierende Für

14

4 Sokrates (470–399) Lehrer Platons und einer der großen Dialektiker und Anreger der Philosophiegeschichte

und Wider der Wechselrede einen Erkenntnisgewinn abwarf. So hat Platon in seinen Dialogen nicht nur fast alle großen philosophischen Probleme bewußt gemacht, sondern auch offengehalten und so weit über seine Zeit zu fruchtbaren Lösungen angeregt. Kein Wunder, daß dann auch die platonische Lehrstätte keine Stätte platonischer Lehren war, in der die Meinung des Meisters als allein seligmachende Wahrheit galt. Die Mitglieder hatten meist ihre eigene andere Meinung. Platon selbst hat in das Amt des Schulvorstehers Männer berufen, deren philosophische Überzeugungen er ganz und gar nicht teilte. So war gleich zu Beginn des aristotelischen Aufenthaltes an der Akademie, als Platon in Sizilien zur Durchsetzung seines politischen Programms weilte, der große Mathematiker und Naturwissenschaftler Eudoxos von Knidos die führende Gestalt, der auch Aristoteles entscheidende Anregungen verdankte. Toleranz

und Respekt vor der Ansicht des anderen dominierten in der Akademie, und was alle verband, war das Interesse an der Wahrheit und am Fortschritt der Forschung. In dem uns wenig bekannten Schulbetrieb wurden in Vorlesungen, Seminaren und Symposien die neuesten Ergebnisse der Wissenschaften behandelt, auf ihre allgemeinen philosophischen Konsequenzen hin in Diskussionen durchgespielt und von daher wieder theoretische Voraussetzungen als Anregungen für die Einzeldisziplinen erarbeitet. Besonders hoch im Ansehen standen die 4 Fächer der Mathematik, zu der damals Arithmetik, Geometrie, Astronomie und Musik zählten. Wie sehr die exakteste aller Wissenschaften geschätzt wurde, könnte die Inschrift beweisen, die über der Akademie gestanden haben soll: „Hier darf niemand ohne Kenntnis in der Geometrie eintreten."
Schon was eben erwähnt wurde, zwingt zur Revision der landläufigen Ansicht, daß in der Akademie nur metaphysische Meditationen betrieben worden wären. Im Gegenteil hat Platon offenbar der bei Aristoteles so fruchtbar zum Tragen gekommenen Einheit von philosophischer und fachwissenschaftlicher Forschung vorgearbeitet. Seine Dialoge verraten oft detaillierte Kenntnis der technischen Disziplinen. Es scheint, daß auch die für Aristoteles so typische Sammlung, Sichtung und begriffliche Klassifizierung der Wahrnehmungsgegenstände schon zu den Arbeitsaufgaben der Akademie gehörte. Darauf deutet jedenfalls der Kern einer vom Komiker Epikrates stammenden Karikatur (Frg. 11; II 287 Kock).

A: Was treiben jetzt Platon, Speusippos und Menedemos?

B: Das kann ich genau sagen. Beim Panathenäenfest sah ich eine Horde junger Männer in den Gymnasiumsanlagen der Akademie und hörte ein furchtbar komisches Gespräch. Sie wollten das Wesen der Tiere, Bäume und Gemüsepflanzen begrifflich nach Gattungen zergliedern und prüften nun, zu welcher Gattung der Kürbis gehöre.

A: Und wie haben sie denn die Gattung der Pflanze bestimmt? Sag's nur, wenn du was kapiert hast.

B: Zunächst waren alle ganz stumm und zerbrachen sich lange die gesenkten Köpfe. Dann rief plötzlich einer, er sei eine rund geformte Gemüsepflanze, ein anderer meinte, er sei ein Grasgewächs, ein dritter rechnete ihn zu den Bäumen. Ein Arzt aus Sizilien lachte Tränen, als er ihr Geschwätz hörte.

16

A: Gerieten sie nicht in schrecklichen Zorn ...? Denn das ist doch in der Akademie ganz unschicklich.

B: Daran dachten sie nicht. Dann aber begann der anwesende Platon ihnen sehr sanft und ruhig Anweisungen zu geben ... sie aber differenzierten.

Aber bald tut sich doch ein beträchtlicher, von der unterschiedlichen Grundhaltung her bestimmter Gegensatz auf zwischen dem immer wieder mit Bildern arbeitenden Künstler Platon und dem in nüchternen Begriffen denkenden Naturforscher Aristoteles. Diesen Gegensatz hat Goethe in seiner Geschichte der Farbenlehre zu fassen versucht, wobei er freilich um der Verdeutlichung willen nur die eine Seite Platons und die andere des Aristoteles hervorhebt:

5 Platon (427–347). Römische Kopie nach einem Original des 4. Jh. v. u. Z., einziges Platon-Porträt mit Namensinschrift

Plato verhält sich zu der Welt, wie ein seliger Geist, dem es beliebt, einige
Zeit auf ihr zu herbergen. Es ist ihm nicht sowohl darum zu tun, sie kennen-
zulernen, weil er sie schon voraussetzt, als ihr dasjenige, was er mitbringt und
was ihr not tut, freundlich mitzuteilen ... Alles, was er äußert, bezieht sich
auf ein Ganzes, Gutes, Wahres, Schönes, dessen Forderung er in jedem Busen
aufzuregen strebt ... Aristoteles hingegen steht zu der Welt wie ein Mann,
ein baumeisterlicher. Er ist nun einmal hier und soll hier wirken und schaffen ... Er umzieht einen ungeheuren Grundkreis für sein Gebäude, schafft
Materialien von allen Seiten her, ordnet sie, schichtet sie auf und steigt so in
regelmäßiger Form pyramidenartig in die Höhe, während Plato, einem Obe-
lisken, ja einer spitzen Flamme gleich, den Himmel sucht.

Es spricht für die offene Atmosphäre der platonischen Akademie,
daß ein so eigenständiger und kritischer Denker wie Aristoteles
20 Jahre lang dort gelernt und gelehrt, geforscht und Bücher ge-
schrieben hat. In alledem war der lebendige Meinungsstreit das
tägliche Brot. Kein Wunder, daß man da zuweilen über das Schick-
liche hinausschoß und mit starken Worten die Sache selbst zu stärken glaubte. Auch Aristoteles ist in der Hitze des Gefechtes manchmal recht weit gegangen. Daß er seine Schulgenossen durch Intelligenz und Eifer bald überragte, ist kaum zweifelhaft. Sie scheinen
sich durch Spott gerächt zu haben und gaben ihm den Spitznamen
„der Leser". Ein Buchleser war damals freilich eine Ausnahme;
denn in der Regel gab es doch nur die Original-Papyrusrolle des
Autors, die dieser dadurch veröffentlichte, daß er sie etwa im Kreis
seiner Schule zu Gehör brachte. Der Normalfall war also der „Buch-
hörer". Aristoteles dagegen scheint sich Abschriften besorgt und
selbst gelesen zu haben. So konnte er effektiver studieren, konnte
sich durch kritische Randnotizen und Auszüge methodischer die Ansichten seiner Vorgänger aneignen. Mit der systematischen Erarbei-
tung des philosophisch-wissenschaftlichen Erbes hat er jene immense Gelehrsamkeit erworben, auf deren Grundlage er dann selbst
forschte und Erbe für die Zukunft schuf. Wegen dieser Gelehrsamkeit hat Platon ihn scherzhaft einen „Doxosophen" genannt, was
wohl jemanden bezeichnet, der von fremder Leute Lehren lebt und
vor allem weiß, was andere über alles und jedes vor ihm gewußt
haben.

Aristoteles und Alexander

Was der Tätigkeit des Aristoteles an der Akademie nach 20 Jahren ein Ende machte, war der Aufstieg Makedoniens zur Weltmacht. König Philipp II. hatte begonnen, sich ein Reich zu erobern, und fand dabei an den in ihrer inneren Substanz erschütterten Poleis eine leichte Beute. 348 zerstörte er das mit Athen eng verbundene Olynth. Dadurch gewann in Athen die zum Kampf entschlossene antimakedonische Richtung unter Führung des wortgewaltigen Redners Demosthenes an Gewicht, der in nostalgischer Vision Glanz und Gloria der alten Großmachtpolitik heraufbeschwor und die Furcht vor dem Verlust der Freiheit geschickt zu schüren wußte. In diesem emotionsgeladenen Klima konnte leicht Leib und Leben verlieren, wer freundschaftliche Beziehungen zum makedonischen Hof unterhielt. Das traf auf Aristoteles zu. Ihn schützte außerdem kein Bürgerrecht, denn er war in Athen ein Ausländer, einer der vielen Gastgelehrten, die nach Ansicht der einheimischen Spießer die satte Behaglichkeit durch Verbreitung von Aufklärung, Zweifel und Unbehagen schon so oft beeinträchtigt hatten. Im Bewußtsein seiner prekären Situation verließ Aristoteles 347 seine geistige Heimat und ging zu Hermias, dem Beherrscher von Atarneus und Assos im Norden der Westküste Kleinasiens. Er war dem Aristoteles freundschaftlich verbunden, hatte auch an der Akademie philosophieren gelernt und verschaffte dem Stagiriten sowie den anderen aus Athen emigrierten Gelehrten Aufenthalts- und Arbeitsmöglichkeiten in Assos. Hier traf Aristoteles mit dem ähnlich universal veranlagten Theophrastos aus Eresos zusammen, der sein Schüler und sein Freund wurde. Ihre Zusammenarbeit sollte für die Entwicklung der Wissenschaften recht fruchtbar werden. Beide siedelten nach Mytilene auf Lesbos über und später nach Stageira. Daß der rastlos forschende und lehrende Aristoteles auch an den verschiedenen Stationen seiner Odyssee die wissenschaftliche Arbeit fortsetzte, ist sicher. Über die manchmal wohl recht provisorischen Arbeitsbedingungen und über die Arbeitsmethoden wissen wir nichts. Nur tritt die große philosophische Spekulation zurück und gibt der empirischen einzelwissenschaftlichen Untersuchung mehr Raum.

Im Jahre 343 wurde Aristoteles vom makedonischen König an den Hof als Erzieher des jungen Alexander berufen. Er willigte ein, vielleicht in der Hoffnung, den künftigen Herrscher für seine sozialen

Vorstellungen gewinnen zu können, so wie Platon zeit seines Lebens
viel leidenschaftlicher noch gehofft hatte, seine philosophisch-politi-
schen Ideale in einer Polis zu verwirklichen. Es scheint aus der Rück-
schau wohl richtig, daß weder der eine noch der andere damit Erfolg hatten. Denn die politische Überzeugung des Aristoteles orientierte sich an der historisch nachgerade überholten stadtstaatlichen
Ordnung, deren Fundament die Sklaverei war, die er philosophisch
legitimierte.
Nach der Überlieferung soll Aristoteles dem jungen Alexander ge-
raten haben:

Die Griechen sollst du anleiten, die Barbaren aber beherrschen, und jene wie
Freunde und Verwandte umsorgen, diese aber wie Tiere und Pflanzen pflegen
(Frg. 658 Rose).

Diese für den Sklavenhalter Aristoteles verständliche Einstellung
gereicht dem Philosophen um so weniger zur Ehre, als gerade griechische Denker und Dichter wie die Sophisten, wie Euripides u. a.
lange vor ihm mit dem Gedanken gespielt hatten, daß die Sklaverei
keine ewige, naturbedingte Einrichtung sei. Hier taucht denn auch
die Idee von der Einheit und Gleichheit des Menschengeschlechtes
als Denkmöglichkeit und soziales Leitbild auf, das durch die Jahrhunderte weitergewirkt hat. Aristoteles aber wollte nicht wahrhaben,
was er selbst doch ebenso erfahren haben mußte wie Isokrates, der
gemeint hatte, daß Grieche sein mehr eine Frage der Bildung, denn
der Geburt sei.
Der Realpolitiker und Makedonier Alexander freilich, der die herrschenden Klassen aller Völker des damals bekannten Erdkreises in
seinem Weltreich miteinander verschmelzen wollte, wird für den
in dieser Hinsicht beschränkten Blickwinkel und politischen Pro-
vinzialismus seines Lehrers kaum mehr als ein Achselzucken übrig
gehabt haben, als er 336 den Thron bestieg. So sind beide wohl
eher nebeneinander hergegangen, und alles scheint Legende, was
die Überlieferung von der historischen Verbindung des großen Philosophen mit dem großen König zusammenfabuliert hat.

Die Gründung des Lykeions

Unter diesen Umständen könnte Aristoteles bald Heimweh nach
Athen empfunden haben, wo im Schatten der makedonischen

Schwerter die laute Aufsässigkeit verstummt und Ruhe und Ordnung eingekehrt waren. Die Stadt hatte ihre wirtschaftliche und politische Bedeutung verloren, blieb aber noch auf Jahrhunderte die Heimstatt des philosophischen Lebens. Im Jahre 335 kehrte Aristoteles dorthin zurück. Innere und äußere Gründe mögen ihn bewogen haben, die Akademie zu meiden. Platon war schon 347 gestorben, im selben Jahr, als Aristoteles Athen verließ. Nun leitete Xenokrates die Akademie, die auch zum Tummelplatz pythagoreischer Zahlen- und Dämonenmystik geworden war. Aristoteles hatte jedoch inzwischen ein zu eigenständiges und mehr fachwissenschaftliches Profil gewonnen, um sich mit einer solchen Richtung und mit einer untergeordneten Rolle an der Akademie begnügen zu können. Deshalb verlegte er seine Wirkungsstätte in die Anlagen des Gymnasiums Lykeion (Lyzeum). Hier hat er dann mit seinen Freunden wie Theophrast und Eudemos eine Schülerschar um sich versammelt, Unterricht erteilt und Streitgespräche veranstaltet. All das hat sich offenbar zunächst in ganz lockerer Form beim Spazierengehen auf der Promenade (Peripatos) des Lykeions abgespielt, woher denn wohl auch die Bezeichnung Peripatetiker (= Spaziergänger) für den Anhänger des Aristoteles kommt. Wie weit sich daraus noch zu Lebzeiten des Aristoteles eine „Schule" im juristischen Sinne mit organisierter Lehre und Forschung entwickelt hat, ist heute nicht mehr auszumachen. Aristoteles konnte als Nicht-Athener kein Grundeigentum kaufen, und erst Theophrast, der ja gleichfalls „Ausländer" war, hat 318 durch seine Beziehungen zum damaligen athenischen Staatsmann Demetrios von Phaleron das Gelände erworben und den Peripatos als legale Institution geschaffen. Andererseits setzen die immense disziplinäre Forschungsarbeit des Aristoteles, sein Unterrichtsprogramm und seine Kooperation mit den Kollegen und Schülern doch eine umfangreiche Bibliothek und wohl auch Archive und Materialkabinette voraus. Deshalb darf man vermuten, daß er die von Theophrast erworbenen Gebäude schon zu Lebzeiten benutzt hat.

Die folgenden 12 Jahre bilden einen Höhepunkt der aristotelischen Lehr- und Forschertätigkeit. Erstaunlich bleibt, welche Masse an Material hier von ihm und seinen Schülern gesammelt, gesichtet und z. T. auch in theoretisch-verallgemeinerter Form vorgetragen wurde. Das kann kaum ohne methodische Arbeitsprinzipien und interdisziplinäre Kooperation geschehen sein. Daher ist es besonders bedauerlich, daß wir gerade über diese Anfänge der Wissenschaftsorganisation so gut wie nichts wissen.

Zugleich zeigt sich in der Gelehrtenarbeit am Lykeion ein weiterer Fortschritt in der Profilierung und Professionalisierung der wissenschaftlichen Tätigkeit, die sich dann in der kommenden hellenistischen Zeit noch stärker ausprägt. Eine Bedingung für diese Entwicklung liegt in der Entpolitisierung, d. h. der Loslösung des Bürgers aus dem Polisverband und seiner Privatisierung. War in der alten Polis der Hauptberuf jedes Gemeindemitgliedes eigentlich der des politisch aktiven Staatsbürgers, so änderte sich das nun allmählich. Auch das Lykeion funktionierte nicht mehr als integraler Bestandteil des Stadtstaates.

Im Jahre 323 stirbt Alexander der Große. Wieder witterten die alten Patrioten eine willkommene Wende, um die makedonische Oberhoheit abzuschütteln und die von der Geschichte schon ad acta gelegte stadtstaatliche Souveränität zu restaurieren. Wer bislang nur in der Stille seiner Stube gehaßt hatte, zeigte nun offen seine Aufsässigkeit. Demosthenes wurde aus der Verbannung zurückgerufen. Denunzianten hatten ihre große Stunde und leichtes Spiel, persönliche Beziehungen zum großen König als politisches Verschwörertum auszulegen. So lief Aristoteles erneut Gefahr, als Agent verdächtigt zu werden, und verließ Athen. Dabei hat er vielleicht die – wenn nicht authentische, so doch von der Überlieferung gut erfundene – Äußerung getan, er wolle mit seiner Flucht verhindern, daß sich die Stadt ein zweites Mal an der Philosophie versündige, wie sie es schon mit der Hinrichtung des Sokrates getan habe. Aristoteles ging nach Chalkis auf Euböa, wo das mütterliche Besitztum lag. Aber schon kurze Zeit danach starb er 322 an einer Krankheit im Alter von 63 Jahren.

Aus dem erhaltenen Testament erfahren wir, wie Aristoteles mit rührender Fürsorge der Seinen gedacht. Er hatte Pythias, eine nahe Verwandte des Hermias, zur Frau genommen und äußert nun den Wunsch, neben ihr begraben zu werden. Für die aus dieser Verbindung hervorgegangenen beiden Kinder bestimmt er Vormünder und regelt die Aufteilung des Nachlasses. In besonders liebevollem Ton ordnet er die Angelegenheiten für Herpyllis, die ihm nach dem frühen Tode seiner Frau Haushälterin und Lebensgefährtin geworden war. Aber auch für seine Sklaven trifft er humane Anordnungen und entläßt einige mit entsprechendem Unterhalt in die Freiheit.

Das Schrifttum

Was Aristoteles alles erkannt, gewußt und gelehrt hat, erfahren wir am besten aus seinen Schriften. Da gab es die an ein breiteres, gebildetes Publikum adressierten Werke, die in der Nachfolge Platons wohl meist in Dialogform verfaßt waren und auf „populärwissenschaftliche" Weise über die aktuellen Forschungsprobleme informiert haben. Bei dem Versuch, wissenschaftliche Inhalte in künstlerischer Prosa darzubieten, ist Aristoteles hier offenbar bis zu einer dem Anliegen angemessenen stilistischen Meisterschaft vorgedrungen, denn der für solche Fragen zuständige Cicero lobt später ihren „goldenen Fluß der Rede". Bedauerlich bleibt, daß alle diese von Aristoteles selbst literarisch und redaktionell vollendeten Schriften bis auf wenige Fragmente verloren sind.

Was uns dagegen von der Überlieferung erhalten ist, hat einen ganz anderen Charakter. Diese Werke sind zumeist unterschiedlich überarbeitete Vorlesungs- und Forschungsmanuskripte. Sie mögen Aristoteles ein Leben lang begleitet haben. Außerdem wurden zahlreiche Nachträge und Einschübe, die vom fortwährenden Umgang mit den Problemen zeugen, nach seinem Tode von Redaktoren in den Kontext eingefügt. Dadurch erweisen sich diese Schriften vom Standpunkt der literarischen Politur aus gesehen als uneinheitlich und in verschiedenem Grade fertig. Und doch zeigt dieser trockene Ton einer nüchtern argumentierenden Darstellung den neuen Stil wissenschaftlicher Prosa, deren Schöpfer Aristoteles ist. Insofern diese Problemstudien häufig die dialektische Bewegung des Denkens beim Durchspielen provisorischer Problemlösungen direkt widerspiegeln, hat wohl auch der Stil an dieser Unfertigkeit Anteil und kann sich gar nicht zu künstlerischer von formaler Geschlossenheit und Perfektion gekennzeichneten Prosa aufschwingen. Aristoteles meint denn auch, daß ohne den wunderbaren Wohllaut der Worte die Sache selbst deutlicher zur Sprache käme.

Nicht selten ist die Interpretation der Schriften schwierig. Das liegt einmal an ihrer Anlage als Vorlesungskonspekte, die eine als Gedächtnisstütze ausreichende, verkürzte Art der Aufzeichnung erlaubte. Aber auch sonst sind die Darstellungen zumeist sehr gedrängt und auf das Wesentliche konzentriert. Hier wird nicht in homöopathischer Manier ein Minimum von Erkenntnis zu einem Maximum von Buch aufgeschwemmt, sondern eher eine intensive Gedankentätigkeit mit einem häufig sehr knappen Wortgewand wiedergegeben. So dürfen wir Cicero zustimmen, der meint: „Man muß den Geist gewaltig anstrengen, wenn man Aristoteles liest und interpretiert."

Am Stil seiner Studien, in denen die Dialektik des platonischen Dialogs gleichsam aufgehoben ist, zeigt sich aber auch, daß Aristoteles – ebenso wie Platon – kein Systemdenker war. In der unablässigen Zwiesprache mit seinen Vorgängern und mit sich selbst versucht er natürlich, durch Klassifizierungen und Schematisierungen alles in einen übergreifenden Strukturzusammenhang zu bringen und so ein systematisches Abbild des von ihm als organisch-funktionelle Einheit begriffenen kosmischen Systems herauszuarbeiten. Aber er opfert nicht die Fakten auf dem Altar seines Systems und registriert mit einer durchaus auch heute noch paradigmatischen wissenschaftlichen Ehrlichkeit, was nicht zum Ganzen stimmt und widersprüchlich ist. Daß er die Lösung der noch unlösbaren Einzelprobleme in der Diskussion offenhält und nicht vom Anliegen der Gesamtkonzeption her erzwingt und manipuliert, daß er also prinzipiell dem System keine Priorität vor dem Problem einräumt, macht seine Arbeit noch heute aktuell; denn:

Bei allen Philosophen ist grade das „System" das Vergängliche, und zwar grade deshalb, weil es aus einem unvergänglichen Bedürfnis des Menschengeistes hervorgeht: dem Bedürfnis der Überwindung aller Widersprüche. (Engels)

24

Die philosophische Grundlegung

Im folgenden wird nun vor allem der Naturforscher Aristoteles zu Wort kommen. Freilich beginnt gerade erst mit ihm und seiner Arbeit das bis dahin noch weitgehend einheitliche Gesamtwissen sich in Philosophie und Fachwissenschaften aufzufächern. Noch stehen die Einzelprobleme der sich profilierenden Disziplinen in einem umfassenden Zusammenhang, wie er sich besonders in dem von einem Grundkonzept getragenen Wissensuniversalismus des Aristoteles ausprägt. Und insofern bei ihm in allen Erkenntnisbereichen gerade die allgemeinen theoretischen Aspekte eine bevorzugte Rolle spielen, ist es unerläßlich, auch auf die wesentlichen Fragen der Philosophie des Aristoteles einzugehen. Dieser philosophische Entwurf hat verschiedene Entwicklungsstadien durchlaufen. Dabei ist der Platonschüler Aristoteles schon recht früh zu einem Aristoteliker geworden. Denn von Anfang an zeichnet sich ein relativ einheitliches, von einem methodischen Neuansatz in der Wirklichkeitserfassung geprägtes theoretisches Grundmuster ab, das sich gerade in der Polemik mit platonischen Positionen profiliert. Deshalb scheint es denn auch berechtigt, im folgenden wegen der hier gebotenen Kürze weniger die Entwicklung als vielmehr die horizontale Struktur des aristotelischen Denkens darzustellen.

Die gedankliche Bewältigung von Sein und Werden

Schon in seiner „akademischen" Periode hatte Aristoteles über die Bestimmung des Menschen nachgedacht und dabei einige wesentliche Einsichten gewonnen. Seiner Auffassung nach läßt sich eine Sache dadurch definieren, daß sie auf die übergeordnete Gattung zurückgeführt und dann durch Kennzeichnung der spezifischen Wesensmerkmale von den übrigen Arten der Gattung abgegrenzt wird. Danach ist der Mensch ein Lebewesen (Gattung), das Vernunft oder Verstand besitzt (spezifisches Merkmal). Was den Menschen also vor den Tieren auszeichnet und damit das seine Art bestimmende Wesen ausmacht, ist die Fähigkeit zu denken und zu erkennen. Nun ist dieses in einer Art (Klasse) von Individuen (Elementen) invariant vorhandene Wesen nicht von Anfang an in den Individuen voll entfaltet da, sondern entwickelt sich offenbar erst allmählich. Hier wird die schwierige ontologische Frage vordringlich, wie die Existenz und das Dasein der Dinge in ihrem Werden und ihrer Veränderung zu begreifen seien; denn eigentlich gilt doch, daß das, was ist, nicht mehr zu werden brauchte, weil es schon ist, und daß das, was nicht ist, gar nicht werden könnte, weil eben nichts aus nichts entsteht. Nun gibt es aber ein Werden der Dinge. Die Erklärung von Dasein und Bewegung der gesamten materiellen und geistigen Realität glaubt Aristoteles in den vier Grundbedingungen der Form-, Stoff-, Bewegungs- und Zweckursache zu finden und führt außerdem das Begriffspaar Wirklichkeit (Aktualität) und Möglichkeit (Potentialität) ein.

Zunächst setzt Aristoteles voraus, daß unsere Wahrnehmung nicht das illusorische Produkt des erkennenden Subjekts ist – wie später Berkeley lehrte –, sondern von einem „Zugrunde liegenden" erzeugt wird. Das sind dann die unzähligen, sich wandelnden Gestalten der Erscheinungsvielfalt, die ihrerseits wieder keine leeren Schablonen sein können, sondern einen Inhalt, einen Stoff haben müssen, an dem sich der Wandel vollzieht. Damit hat Aristoteles das stoffliche Substrat oder die Materialursache gewonnen. Sie reicht freilich nicht aus, Existenz und Bewegung zu schaffen; denn der reine Stoff an sich ohne Form und Struktur existiert gar nicht oder – wie Aristoteles sagt – existiert nicht wirklich, sondern nur der Möglichkeit nach, insofern er die Anlage oder Fähigkeit besitzt, durch Überformung ins Dasein zu treten. Der Stoff an sich ist also gestalt- und strukturlos, als solcher aber auch unbestimmbar, undefinierbar, unerkennbar und damit ein gedankliches Abstraktionsprodukt. Der in der Wirklichkeit gegebene Stoff ist immer irgendwie geformt. Insofern diese Form nicht nur die äußere Gestalt, sondern in erster Linie die innere Struktur bedeutet, ist sie mit dem im Begriff abgebildeten und innerhalb einer Art von Individuum zu Individuum invarianten, allgemeinen Wesen identisch. Damit hat Aristoteles das strukturbestimmende Formprinzip oder die Formalursache gefunden.

Nun könnte das Miteinander von Stoff- und Formursache zwar die Existenz, nicht aber ohne weiteres auch schon die Bewegung der Dinge garantieren; denn eine Welt, in der sich alle Formen in allem Material vollständig verwirklicht hätten, wäre eine durch ihre Per-

26

fektion ewige statische Welt. Die Welt ist jedoch kein Ensemble singulärer Formprinzipien, denn alle diese Formprinzipien als Ideen des Allgemeinen, Wesentlichen und Notwendigen existieren nicht in platonischer Einmaligkeit und Einheitlichkeit, sondern gleichsam aufgesplittert in den Einzeldingen. Wenn außerdem die Einzeldinge derselben Art sich nicht völlig gleichen, obwohl doch ihnen ein und dieselbe Form eingeprägt ist, und wenn sie dazu noch entstehen, sich verändern und vergehen, so daß das Formprinzip selbst nur durch die Reproduktion des Individuellen bewahrt wird, dann liegt das alles an den merkwürdigen Besonderheiten des Stoffes, an dessen Konzeption die gesellschaftlich bedingten Vorurteile seines Autors tüchtig mitgebaut haben. Das Form- oder Strukturprinzip als reine vollendete Wirklichkeit muß sich an einem Material vergegenständlichen, das die bloße Möglichkeit oder Potentialität darstellt. Diese Möglichkeit bedeutet einerseits die Anlage und Fähigkeit, sich in einer bestimmten Form verwirklichen zu können. Nach Aristoteles hat der Stoff sogar eine natürliche Tendenz, geformt und strukturiert zu werden, wobei die Auffassung von der Passivität der Materie den Gedanken an ihre Fähigkeit zur aktiven Selbstorganisation ausschließt. Aber diese Formverwirklichung findet in den Möglichkeiten des Stoffes ihre Grenze, so wie die Realisierung künstlerischer Ideen in den Eigenschaften des verwendeten Materials. Wie die Form das Fertige und Vollkommene, so ist der Stoff das Unvollkommene, weil er nur der Möglichkeit nach existiert und damit das Nichtsein einschließt, weshalb die Dinge vergänglich sind. Denn was, wie der Stoff, nur sein *kann*, kann auch *nicht* sein. Daher ist der Stoff gleichsam die dialektische Einheit des Seins und des Nichtseins. Die Möglichkeit des Nichtseins aber hemmt als Passivität und Trägheit die Formverwirklichung, bedingt in den Einzeldingen das Zufällige, Ungefähre, Defektive und Vergängliche, so daß alles Wirkliche dem Nichtsein gleichsam abgerungen werden muß.
Bewegung und Veränderung, Entstehen und Vergehen sind also nichts anderes als Verwirklichung des Möglichen, und d. h. Aktivität von Formprinzipien an der Materie. Wenn die Bewegung nie aufhört und die ganze Realität eben „Wirklichkeit" bleibt, weil sie vom stetigen „Wirken" der Formprinzipien bewegt wird, so liegt das an der stets unvollkommenen und näherungsweisen Formaktualisierung, die eben in der Mangelhaftigkeit der Materie ihren Grund hat. Die Meinung von der existentiellen und wertmäßigen Priorität

der Formen gegenüber dem Stoff ist sicher unter anderem ein Muttermal der platonischen Überzeugung von den vollkommenen immateriellen Ideen und der minderwertigen Materie. Daß sich Aristoteles auch sonst von idealistischen Denkschemata seines Lehrers nicht hat befreien können, bringt manche Unstimmigkeit in seine Überlegungen.

Stoff und Form sind von Aristoteles aber ganz und gar nicht als absolute, einander starr entgegengesetzte Gegebenheiten gedacht. Sie sind eigentlich aus der Realität abstrahierte Relationsbegriffe, gleichsam Grenzpunkte, die das Wirken der zwischen ihnen eingespannten Wirklichkeit erklären sollen. Absolut sind eigentlich nur der ungeformte reine „erste Stoff", der aber nicht wirklich existiert, und die reine Form des unbewegten göttlichen Bewegers, der das All krönt. Sonst aber sind Form und Stoff durchaus austauschbar; ist doch der geformte Baum im Verhältnis zum projektierten Tisch bloßer Stoff, wie der bearbeitete Stein relativ zum Haus. Den Relationscharakter von Stoff und Form zeigt aber auch die Tatsache, daß sie ebenso dort metaphorisch verwendet werden, wo sich an einem Ganzen ein Subordinationsverhältnis von zwei Teilen unterscheiden läßt, oder ein aktives Prinzip einem passiven gegenübertritt wie bei Seele und Leib, Mann und Frau, Herr und Sklave. Ja, sogar im Verhältnis Gattung-Art erscheint die Gattung als Stoff, insofern sie das noch Unspezifizierte, Unbestimmte ist, das erst in der Art (Spezies) seine Begrenzung, seine Definition und Formung erfährt.

Das Allgemeine und das Einzelne

Aristoteles entnimmt seine Beispiele, um das Miteinander und Wechselspiel von Form und Stoff zu erklären, bevorzugt aus dem Bereich des Biologischen und des Technischen. Aus der Analyse der hier vorhandenen Erscheinungen versucht er ein philosophisches Konzept zu gewinnen, das seiner ganzen Tendenz nach die Schwächen des platonischen Idealismus ebenso überwinden möchte wie die Ungereimtheiten, die den mechanischen Materialismus Demokrits belasten. Auf das Formprinzip glaubt Aristoteles nicht verzichten zu können. Es ist nichts anderes als die für seine Zwecke adaptierte platonische Idee. Mit seiner Form- und Stoffursache möchte Aristoteles auch das in der Tradition vorgegebene Problem der Existenz des Allgemeinen und seiner Beziehung zum Einzelnen klären, ein

Problem, das noch in den philosophischen Reflexionen der Gegenwart aktuell ist und besonders im mittelalterlichen Universalienstreit die Gemüter der Scholastiker erhitzte. Das Bewußtsein für dieses Problem wurde dem Mittelalter durch Boethius' Kommentar zu der von Porphyrios verfaßten Einleitung in die aristotelischen „Kategorien" überliefert. Dort wird die Frage formuliert, ob das Allgemeine (genera et species), das als Wesentliches einer Klasse von Dingen zukommt, „real existiert oder bloß im Intellekt, ob es körperliches oder unkörperliches Sein hat, ob es getrennt von den Wahrnehmungsgegenständen oder in diesen selbst sei ..."
Nun hatte schon Sokrates ein Bewußtsein dafür entwickelt, daß unser Denken die Welt in allgemeinen, die Einzeldinge übergreifenden Begriffen widerspiegelt, und er hatte versucht, dieses Allgemeine zu bestimmen. Platon hat dann die Frage schärfer ins Auge gefaßt, ob das subjektive Allgemeine in Gestalt des ideellen und idealisierenden Begriffs, das im Kopf als geschlossene Einheit auftritt, als reales Gegenstück nicht ein objektives Allgemeines von gleicher Einheit haben müsse oder bloß als schattenhaft verblaßte, auf die Einzeldinge zerstückelte Vielheit von Abbildern existieren könne. Denn tatsächlich nehmen wir ja immer nur diesen einzelnen, mehr oder weniger ungenauen Kreis, dieses schöne Mädchen oder Gemälde, jenen Hecht oder Hering da, wahr. Aber wo ist nun der von der Definition bestimmte exakte Kreis schlechthin, wo die Schönheit an sich oder der Fisch? Und wenn alles, was in unserem Kopfe ist – und dazu gehören auch die Begriffe –, irgendwann und irgendwo mal rezeptiv erfaßt worden ist, dann müssen wir die realen Gegenstücke dieser reinen Begriffe, da sie in dieser Welt nachweislich nicht so vorhanden sind, eben schon früher in einer jenseitigen Welt geschaut haben. So begründet Platon seine höhere ideelle Welt, in der die vielen allgemeinen Wesenheiten als ewige Formen (Ideen) und Urbilder der individuellen irdischen Abbilder existieren. Dort haben unsere Seelen vor der Geburt die Gestalten der Schönheit, der Gerechtigkeit und der Fischheit wahrgenommen.
Freilich hatte schon Platon in seinem Dialog „Parmenides" selbstkritisch auf die Schwierigkeiten hingewiesen, die die Trennung von Idee und Ding bereitet. Sie erscheint dem Realisten Aristoteles ganz ungereimt. Denn wie sollten die Dinge überhaupt existieren, wenn ihr Wesen von ihrer Erscheinung und damit die Ursache von der

6 Teil einer Papyrusrolle mit einem Kommentar zum Platonischen Dialog „Theaetet", der das Wesen der Wissenschaft behandelt. Der unbekannte Autor gehört der römischen Kaiserzeit an.

Wirkung ganz getrennt ist? Und wie könnte man aus den ewigen und unveränderlichen Ideen die Vergänglichkeit und Bewegung als Grundeigenschaften der Naturerscheinungen ableiten? Das Erklärungsdefizit solcher Ideenkonzeption war zu groß für Aristoteles, der deshalb meint: „Zum Teufel mit den Ideen, sie sind nur Sirenengesang."[1] Damit gibt er freilich die Ideen nicht auf, sondern verlegt sie als Form- und Strukturprinzipien in die Dinge selbst. Mit dieser realistischen und teilweise materialistischen Modifikation hat er die von Platon abgewertete Welt der Wahrnehmungsgegenstände und die mit ihr korrespondierenden Sinnesorgane rehabilitiert. Denn nun war die wissenschaftliche Erkenntnis des Allgemeinen und Wesentlichen, eben weil es sich in den Erscheinungen verbarg, nur über eine Analyse der Erscheinungen zu erreichen und nicht – wie bei Platon – unter totaler Abkehr von den Phänomenen. Damit hat Aristoteles eine wichtige Voraussetzung für die Wissenschaft von der Natur wiedergewonnen.

Teleologisches Denken

Das Formprinzip als die objektive, in den Einzeldingen mehr oder weniger verwirklichte Entsprechung des subjektiven Begriffs schien Aristoteles auch deshalb unentbehrlich, weil seiner Überzeugung nach die alleinige Annahme der Stoffursache, wie sie sich besonders im materialistischen Monismus Demokrits fand, Wesentliches nicht erklärte. Demokrit hatte das Entstehen und Vergehen der Erscheinungsvielfalt auf das mechanische Spiel der Atome, auf ihre Zusammenballungen und Entflechtungen zurückgeführt. Aber schien es nicht eine Zumutung für den gesunden Menschenverstand und reiner Mystizismus, das zielstrebige Entwicklungsverhalten materieller Strukturen und vor allem die doch so zweckmäßige Organisiertheit biologischer Systeme mit dem blinden Zufallsspiel der Atome erklären zu wollen? Hier ist für Aristoteles ein Steuerungs- und Regelungsprinzip unerläßlich, das die Verwirklichung von Ziel und Zweck (Telos) der gleichsam programmgesteuerten individuellen Entwicklungsbewegung garantiert. Nur so ist für Aristoteles erklärbar, daß aus einer Eichel grundsätzlich eine Eiche wird und der Stoff sich eben nicht zum Feigenbaum organisiert, daß ein Mensch immer nur einen Menschen zeugt und dieser in seiner ganzen Entwicklung bei noch so unterschiedlichem Nahrungsstoff sein Strukturprinzip bewahrt.

Seine Ursachenlehre glaubt Aristoteles auch durch die Sachverhalte bei der technisch-künstlerischen Tätigkeit des Menschen gestützt. Denn der Steinhaufen formt sich nicht als bloßer Stoff automatisch zu einem Haus, sondern erst durch den Baumeister, der das in seinem Kopf als Begriff vorhandene Formprinzip des Hauses verwirklicht, so wie der Künstler die im rohen Erzklumpen der Möglichkeit nach vorhandene Statue realisiert. Überall erwies sich die Aktivität als Vergegenständlichung des Denkens, erwies sich sinnvolle Arbeit als Verwirklichung eines vorweggenommenen Handlungszieles. Aus der zeitlichen Priorität der Formursache ergab sich dann auch ihr wert- und seinsmäßiger Vorrang. Die Henne ist eben besser und dem Sein nach früher als das Ei. Die Formursache in den materiellen und besonders organischen Systemen aber schien für Aristoteles nur eine abgewandelte Art des menschlichen Baumeisters zu sein. Hier hat er zu sehr vom Menschen auf die gesamte Natur geschlossen.

Diese scheinbare Zweckgerichtetheit bildet die Basis der teleologischen Naturauffassung des Aristoteles, der deshalb neben Stoff und Form vor allem noch eine Zweckursache (Finalursache) anzunehmen für nötig hält, die das Entwicklungsgeschehen gleichsam vom Ende (Telos) her steuert. Als viertes Ursachenprinzip schließlich konzipiert er eine Bewegungs- oder Wirkursache, die den Anstoß für eine Entwicklungsbewegung gibt und unserem Begriff von Kausalität am nächsten kommt. Final- und Kausalprinzip sind freilich weit weniger eigenständig als Stoff und Form und im Grunde wohl nur verselbständigte Aspekte der Formursache. Denn der vom Zweck ausgehende Zugzwang für die Entwicklung zielt ja gerade auf die der Stoffträgheit entsprechend mehr oder weniger vollkommene Verwirklichung (Entelecheia) des Formprinzips, und um dieses Zweckes willen wird ja auch die Bewegung ausgelöst. Auch im Kopf des menschlichen Baumeisters sind Form-, Zweck- und Kausalursache vereint.

Aristoteles hat zwar die Ideen von ihrem platonischen Himmel auf die Erde herabgeholt, ihre Ewigkeit und Unveränderlichkeit aber nicht angetastet. Durch diese Konzeption von ewig konstanten, mit dem allgemeinen Wesen jeder Spezies identischen Formprinzipien hat er sich den Gedanken an eine Entstehung neuer Arten total verbaut. Es gibt für Aristoteles nur eine Entwicklung der Individuen, die im Prinzip immer gleich ist, weil Verlauf und Ende durch die Finalität des Formprinzips für alle Zeiten fixiert sind. Seine teleologische Naturauffassung läßt keinen Raum für eine allgemeine Entwicklung, die nach vorn offen, ungerichtet und ziellos ist und im Wechselspiel von „trial and error" auch Unzweckmäßiges schaffen kann, wie schon der frühgriechische Denker Empedokles gelehrt hatte. In seinem Unvermögen, Entwicklung auch als Evolution der Spezies durch Mutation und als Einheit von Evolution und Revolution zu begreifen, bleibt Aristoteles Metaphysiker, dessen Lehre von der Konstanz der Arten im wesentlichen bis zu Darwin ein Dogma blieb.

Mit seiner Teleologie hat Aristoteles ja gehofft, das Erklärungsdefizit des mechanischen Determinismus von der Art des Atomismus zu überwinden. Wenn wir heute Teleologie und mechanische Kausalität im dialektischen Determinismus aufgehoben wissen, dann stützen wir uns dabei auch auf die Ergebnisse der Kybernetik und auf die Einsicht in die Fähigkeit der Materie zur Selbstorganisation und damit zur Entwicklung von Systemen, die in der Wechselwirkung von Umfeld und innerer Struktur (Rückkopplung) ein zielgerichtetes und zweckmäßiges Verhalten zeigen. Der Kosmos selbst erweist sich als eine Mannigfaltigkeit solcher Systeme mit ganz unterschiedlich komplizierten Bewegungs- und Organisationsformen der Materie. Insofern sich alle diese Systeme entwickeln, indem sie durch Verwirklichung einer der ihnen innewohnenden Möglichkeiten neue Möglichkeiten aufbauen, hat Aristoteles mit den beiden Begriffen Aktualität und Potentialität noch heute brauchbare Erklärungsprinzipien geschaffen.

Auf diese Weise gelang es Aristoteles, die Welt als organisch-funktionelle Einheit in ihrem Schichten- und Stufenaufbau abzubilden. Dabei stellt er die Skala der verschieden komplizierten Organisations- und Bewegungsformen der Materie als Hierarchie unterschiedlich perfekter Formprinzipien dar. Sie reicht von der anorganischen über die organische und seelische zur geistigen Wirklichkeit und Verwirklichung. Die höheren Stufen sind in letzter Instanz von den niederen abhängig, besitzen aber ihrerseits neue Eigenschaften mit spezifischen Gesetzmäßigkeiten und dadurch eine relative Autonomie. So hat bereits in den vier Elementen der reine Stoff durch Überformung mit je zwei der Grundqualitäten warm, kalt, trocken und feucht seine unterste Stufe von Wirklichkeit erreicht. Im botanischen Bereich wird das Formprinzip von der vegetativen Seele gebildet, die Ernährung und Wachstum steuert. Die animalische Seele, die den Tieren zukommt, bewirkt zusätzlich Wahrnehmung und Wollen und hebt eben dadurch das Tier über das Pflanzliche hinaus. Schließlich ist es die vernünftige Seele, die den Menschen zum Menschen macht, der freilich als Lebewesen auch die Schichten der vegetativen und animalischen Seele in sich trägt, die jedoch im Verhältnis zum Formprinzip des Menschen unvollkommen sind. Oft muß der Stoff denn auch eine ganze Skala von Gestaltungen durchlaufen, um zu seiner eigentlichen Formbestimmung zu kommen, wie etwa der Stoff beim Menschen vom Fötus bis zur entfalteten Persönlichkeit ständig neu überformt wird.

Theoretische Tätigkeit und politische Theorie

Damit sind wir zum Menschen zurückgekehrt, bei dem unser Streifzug durch die aristotelische Ontologie, die Lehre vom „Sein als solchem", begonnen hatte. Was also die Art des Menschen aus der Gattung der Lebewesen heraushebt und damit sein Wesen oder strukturbestimmendes Formprinzip ausmacht, ist die Denkseele oder Vernunft. Der allgemeine Sinn allen individuellen Daseins aber ist die Verwirklichung (Enérgeia = Energie) der im Formprinzip vorgegebenen Zweckbestimmung. Daher besteht die dem Wesen des Menschen am meisten angemessene Aktivität im Denken und Erkennen. Weil aber in Philosophie und Wissenschaft das Denken auf seiner höchsten Stufe erscheint, ist die theoretische Tätigkeit das optimale Mittel menschlicher Selbstverwirklichung. So begründet Aristoteles den Vorrang der geistigen vor der körperlichen Arbeit, der Theorie vor der Praxis.

Da solche Selbstverwirklichung nur im Rahmen einer entsprechenden gesellschaftlichen Organisationsform möglich ist, sind alle diese Überlegungen bei Aristoteles eng mit seiner politischen Philosophie, aber auch mit seiner Ethik verbunden. Auch dabei entwickelt er sein Konzept in Auseinandersetzung mit platonischen Vorstellungen. Platon hatte für die Krise der demokratischen Polis das Demokratische verantwortlich gemacht und das Heil in einem vom klassenspezifischen Elitedenken der aristokratischen Oberschicht geprägten Gesellschaftsmodell gesucht. Damit wollte er den Verfall auf-

7 Der Parthenon auf der Athener Akropolis, erbaut 448–432 v. u. Z.

fangen und ein stabiles Gemeinwesen schaffen. Der geistig-moralischen Rechtfertigung dieser Machtinteressen diente die enge Verbindung von Staatstheorie, Ideen- und Seelenlehre. Platon entwikkelte die illusorische Vorstellung einer herrschenden Kaste von Philosophen, die durch beständigen Umgang mit den Ideen die Garantie böten, daß sich im Staat stets die absolute und ewige Idee der Gerechtigkeit – wie sie Platon verstand – in möglichst vollkommener Abbildlichkeit verkörperte. Er entwarf, gestützt auf die wohl eben zum Zwecke solcher Stützung aus der sozialen Sphäre abgeleitete Lehre von den 3 Seelenteilen, sein in Lehrstand (Philosophen), Wehrstand, Nährstand (Bauern und Handwerker) hierarchisch gegliedertes soziales System, das die Mehrheit der Freien von der politischen Mitwirkung und die Sklaven natürlich ganz ausschloß. Dennoch haben sich an Platons politischer Philosophie später immer wieder fruchtbare Überlegungen entzündet. Seine Vorstellungen, daß alles Ethische dem Politischen eingebunden sei und daß der einzelne nur als Glied der Gesellschaft sich wahrhaft verwirklichen könne, sind gleich bei Aristoteles wirksam geworden.

Die in der „Politik" überlieferten gesellschafts- und staatstheoretischen Untersuchungen des Aristoteles sind ein Ensemble anregender Entwürfe, in denen sich denkmögliche, idealtypische Konstruktionen und an der historischen Praxis orientierte realistische Überlegungen oft überschneiden und sogar widersprechen. Denn ganz anders als Platon geht Aristoteles von einem empirischen Ansatzpunkt aus, verarbeitet die Erfahrungen der eigenen Geschichte im Rahmen vergleichender Studien zur politischen Struktur anderer Länder, deren Ergebnisse er in seiner Darstellung von 158 Verfassungen griechischer und nichtgriechischer Staaten niedergelegt hat. Auf dieser Grundlage sucht er dann nach Möglichkeiten, die gesellschaftlichen Kräfte auf eine Weise zusammenzuordnen, die Ziel und Zweck des Staates am ehesten verwirklicht und auch seine Stabilität garantiert. Dabei sei, so meint er, die beste Methode, eine Sache zu erforschen, ihrer Entwicklung aus den Ursprüngen nachzugehen.

Was nun erforscht werden soll, ist die Gemeinschaft, auf die der Mensch als Mensch schlechthin angewiesen sei. Daß er zur Existenz in einem kommunizierenden Ensemble bestimmt ist, beweise auch seine Sprachfähigkeit. Als vollendete Form, nach deren Aktualisierung jede Entwicklung von Gemeinschaft grundsätzlich strebt, gilt Aristoteles die Polis. Da der Mensch erst in ihr seine spezifischen Wesenskräfte voll entfalten kann, ist er von Natur aus für ein Dasein in der Polis prädestiniert und also ein „Zoon politikón". Hier hat Aristoteles in historisch bedingter Beschränkung die Polis als übergeschichtliche Form sozialer Organisation festgeschrieben, aber er hat zugleich mit der darin indirekt enthaltenen These, daß der Mensch sich in seinem Menschsein erst in der gesellschaftlichen Organisation verwirklichen kann, eine in die Zukunft weisende Einsicht gehabt. Anders als für manche früheren oder späteren Theoretiker des Gesellschaftsvertrages ist für Aristoteles ein Leben im ungebundenen Naturzustand jenseits aller politischen Ordnungen ganz unnatürlich und unmenschlich.

Ebenso wie in der Seele die niederen Schichten dem höheren geistigen Vermögen entwicklungsmäßig vorausgehen und seine Basis bilden, baut nach Aristoteles auch die politische Gemeinschaft der Polis auf früheren und einfacheren Formen auf. Die elementare Gemeinschaft ist die Ehe; eine höhere Stufe ist die anfänglich als autarke Produktions- und Konsumtionseinheit vorhandene Hausgemeinschaft, die durch eine Reihe von Herrschaftsverhältnissen geprägt ist, wie sie zwischen Mann und Frau, Eltern und Kindern und vor allem zwischen Herrn und Sklaven bestehen. Aus der Hausgemeinschaft entwickelt sich das Dorf und letztendlich die Polis. Während die in der Polis aufgehobenen Vorformen nur der Reproduktion der Art bzw. der Befriedigung der elementaren materiellen Bedürfnisse dienen, ist der Zweck des Polis-Staates das gute und glückliche Leben, die Eudämonie. Diese Eudämonie der ganzen Gemeinschaft ist identisch mit der Eudämonie des einzelnen und bedeutet ja Tätigsein im Sinne der Tüchtigkeit des Menschen, die in seiner intellektuellen Fähigkeit liegt.

Höchstes Ziel der politischen Gemeinschaft ist also letztlich die individuelle Vervollkommnung durch theoretische Tätigkeit. Wenn aber nach Aristoteles der Bürger dadurch definiert ist, daß er an der Regierung und Rechtsprechung teilhat, dann scheint der Mensch gerade in der Verfolgung seines höchsten Zweckes eben als Bürger und politisches Lebewesen aufgehoben. Der Gelehrte und Philosoph erweist sich somit als eine Art Außenseiter, der zwar die politische Gemeinschaft und die politische Aktivität anderer als Grundlage seiner unpolitischen Tätigkeit voraussetzt, selbst aber dieser Gemeinschaft entfremdet ist. Es bleibt die Frage, ob sich in diesen Überlegungen des Aristoteles nicht auch Momente der Poliskrise theoretisch widerspiegeln, die dann schließlich mit der Entpolitisierung des Staatsbürgers den Privatmann hervorbrachte, für den die hellenistische Philosophie der Epikureer und Stoiker das geistigmoralische Rüstzeug schuf.

Daß die Polis und der einzelne das gute und glückliche Leben führen können, hat nach Aristoteles einen gewissen materiellen Wohlstand und ein durch Gerechtigkeit und Ordnung geprägtes sittliches Verhalten sowohl der ganzen Gemeinschaft als auch des Individuums zur Grundlage. Diesen Wohlstand für die volle menschliche Entfaltung einer breiteren Oberschicht müssen nun andere erarbeiten, die dadurch gezwungen sind, entweder teilweise – wie die Handwerker und Bauern – oder ganz – wie die Sklaven – auf ebensolche Entfaltung zu verzichten. Im Verständnis des Aristoteles freilich nimmt sich die Sache ganz anders aus. Denn der Sklave ist gar nicht fähig zur menschlichen Selbstentfaltung. Er kann durch seinen defekten geistigen Habitus die Gedanken anderer ausführen, ohne selbst welche zu haben. Und nun benutzt Aristoteles ein begriffliches Grundschema, das seine Basis doch gerade im gesellschaftlichen Verhältnis von Herrn und Sklaven und der damit verbundenen scharfen Trennung von geistiger und körperlicher Arbeit hat, umgekehrt zur ideologischen Rechtfertigung der Sklaverei. Er meint, es gäbe überall in der Natur das Herrschende und das Beherrschte, und beide zusammen machten erst ein Ganzes aus. In diesem die antike Produktion bestimmenden Sklavereiverhältnis wurzelt dann in letzter Instanz die die Erkenntnisform des Aristoteles prägende duale Struktur: bei Mann und Frau, Form und Stoff, Seele und Körper, Substanz und Akzidenz, Wirklichkeit und Möglichkeit, Himmel und Erde etc. sieht er im jeweils ersten Begriff das herrschende, aktive und wertvollere Prinzip.

Daß der Sklave als „beseeltes Werkzeug" für die antike Produktion ungefähr das war, was die Maschine und der Roboter in der modernen Industrie sind, geht aus einer Bemerkung des Aristoteles hervor. Er meint nämlich, man hätte keine Sklaven nötig, wenn Werkzeuge und Weberschiffchen von selbst wirken würden. Aber das alles ist für ihn reine Fiktion und gehört ins Reich der Fabel. Tatsache ist für Aristoteles, daß nicht alle Menschen in gleichem Sinne Menschen sind und daß der eigentliche Mensch der von Natur aus zum Herrschen bestimmte Grieche und der uneigentliche der gleichfalls von Natur aus zum Sklaven prädestinierte Barbar ist, wie ihm die zur Selbstregierung offenbar unfähigen und deshalb despotisch beherrschten Barbaren der orientalischen Nachbarreiche zu beweisen schienen. Wie mächtig aber die gesellschaftliche Wirklichkeit den Gang der Überlegungen zu einem falschen Bewußtsein verführt, dafür ist die ideologische Rechtfertigung der Sklaverei durch den Stagiriten deshalb ein so bestechendes Beispiel, weil er diese Rechtfertigung beinahe gewaltsam und in gewisser Weise im Widerspruch zu seiner Lehre vom einheitlichen Wesen des Menschen durchführt. Wesen, Natur und Formprinzip des Menschen waren ja identisch und durch seine Vernunft definiert. Dadurch ist die Spezies des Menschen bestimmt, die keine weitere Differenzierung erlaubt. Aristoteles behauptet aber, auch die Sklaven seien Menschen und besäßen Vernunft. Dann aber könnten sie genau genommen keine andere Natur haben als die Freien und eben nicht „von Natur aus" Sklaven sein.

In einem weiteren Entwurf entwickelt Aristoteles die in einer politischen Gemeinschaft möglichen Herrschaftsverhältnisse. Zunächst geht er von abstrakt-ethischen Kriterien aus; danach ist die Qualität einer Regierungsform nicht so sehr von der Anzahl der Herrschenden, sondern vom Zweck der Machtausübung bestimmt, die gesellschaftlichen oder egoistischen Interessen dienen kann. Deshalb unterscheidet er 1. in der Alleinherrschaft die gute Monarchie von der Despotie (Tyrannis), 2. das Regiment mehrerer, die sich durch Bildung und Betragen als die Besten (aristoi) erweisen, als Aristokratie von der nur auf Geburt und Besitz basierenden Oligarchie, und 3. die auf Gesetz und Ordnung gegründete Selbstherrschaft des Volkes als Politie von der durch den Pöbel und die Demagogen beherrschten Demokratie. Dabei deutet Aristoteles die Tyrannis, die Oligarchie und die Demokratie auch als dekadente Entwicklungsstadien der guten Verfassungsarten. Eine idealtypische Repräsentanz haben für ihn die Monarchie und die Aristokratie in der ethischen Bedeutung des Wortes.

In anderen Entwürfen des Aristoteles zeigt sich aber dann eine viel stärker realistische Behandlung der Probleme. Er fragt nach den unter spezifischen geschichtlichen und gesellschaftlichen Bedingungen möglichen und für bestimmte Völker angemessenen Staatsformen; so bedenkt er, daß der Mensch nicht jenes abstrakte klare Geistwesen darstellt und deshalb auch schon täte, was er als gut und richtig erkennt, sondern daß er als moralisches Mängelwesen zu Machtmißbrauch und anderen Untugenden verführbar ist. Von daher überlegt Aristoteles, daß am zweckmäßigsten wohl die breite Menge im Besitz der Staatsmacht sei; denn wenn auch der einzelne nur in mehr oder weniger beschränktem Maße rechtschaffen ist, so könne doch bei der Vereinigung aller z. B. in der Volksversammlung dadurch, daß jeder seinen kleinen Teil an Tugend und Klugheit einbringt, im ganzen noch am ehesten etwas Gutes herauskommen.

In einer anderen bemerkenswerten Analyse geht Aristoteles von den Besitzverhältnissen aus. Und von daher nimmt er entsprechend der Schicht der sehr Reichen und der Schicht der sehr Armen nur zwei grundlegende Herrschaftsformen an, die Oligarchie und die Demokratie, die Extreme darstellen und von Aristoteles als „Entartungen" bereits verworfen worden waren. Weil nun aber, wie er meint, das Gemäßigte und Mittlere überall als das Bessere gilt, so hält er für die relativ beste Staatsordnung auch eine Mischung aus diesen Extremen, in der die demokratischen Elemente überwiegen sollten. Das ist die schon erwähnte Politie, die Staatsordnung oder Verfassung schlechthin bedeutet und wohl die in aristotelischem Sinne korrigierte aktuelle Polis darstellt. Diese Politie aber braucht eine entsprechende soziale Basis. Und wie er in der Ontologie und Erkenntnislehre oft zwischen Materialismus und Idealismus vermittelt, wie er in der Ethik die sittlichen Normen als ein Mittleres zwischen zwei abnormen Extremen definiert – die Tugend der Tapferkeit als Mitte zwischen Tollkühnheit und Feigheit –, so befürwortet er auch in der politischen Philosophie eine starke Schicht mittlerer Eigentümer als Grundlage der Staatswohlfahrt. Denn diese Schicht gehorche am ehesten der Vernunft, während Reichtum ebenso wie Armut korrumpiere und zu Unrecht verführe.

Die Überlegungen des Aristoteles zu politischen Problemen sind noch differenzierter als hier ausgewiesen ist. Im allgemeinen hat er die herrschenden Gedanken der in der Sklavereigesellschaft Herrschenden philosophisch fundiert. Aber er zeigt auch eigenständige Einsichten, in denen er die seiner engeren sozialen Heimat gesetzten ideologischen Schranken überschreitet; denn wenn er auch nicht der alteingesessenen Grundbesitzer-Aristokratie angehörte, so darf er wegen seiner Besitzungen und wegen der ihm von den makedonischen Königen zugemessenen materiellen Mittel doch zu den Reichen gerechnet werden. In der Erkenntnis aber, daß die Polis-Krise mit einer wachsenden Polarisierung in arm und reich zusammenhing, entschied er sich nicht, wie Platon, für die konservativen Ansprüche einer elitären Oberschicht, sondern möchte unter Berücksichtigung auch demokratischer Momente die Mittelschichten stärken. Diese politische Position mag auch dadurch begünstigt worden sein, daß Aristoteles als ein dem athenischen Staatswesen nicht integrierter Fremder durch keine direkten Klasseninteressen gebunden war und diese Polis gleichsam aus der Distanz heraus betrachten konnte.

Um nun im Laufe des Lebens sein zunächst noch nicht entfaltetes Wesen durch intensive Denk- und Erkenntnistätigkeit in möglichst perfekter Form in sich zu entwickeln, braucht der Mensch Zeit, darf also nicht gezwungen sein, sich in körperlicher Arbeit für seinen Lebensunterhalt zu verzehren. Er muß also Muße haben, und wenn die Eudämonie oder das Glück in der ungehinderten Verwirklichung der Zweckbestimmung besteht, dann liegt eben „die Eudämonie des Menschen in der Muße".[2] Dieser zunächst negativ gefaßte Mußebegriff als Freiheit von etwas kann aber nach allem Gesagten im Verständnis des Aristoteles niemals mit Müßiggang identisch sein. Deshalb bezeichnet er auch den Inhalt der Muße, der auf intensive, der Selbstverwirklichung dienende Tätigkeit gerichtet ist, als Energeia, die auf den Kraftaufwand bei der Formaktualisierung hinweist. Hier hat Aristoteles Gedanken entwickelt, die bis heute nichts an Bedeutung eingebüßt haben. Wenn Marx meint, „das Reich der Freiheit beginnt in der Tat erst da, wo das Arbeiten, das durch Not und äußere Zweckmäßigkeit bestimmt ist, aufhört", und dann ebenda betont, daß „menschliche Kraftentwicklung, die sich als Selbstzweck gilt", diese so gewonnene Freiheit ausfüllt, dann hat er den negativen und zugleich den positiven Aspekt der Muße als Tätigkeit herausgestellt.

Unter dem Gesichtspunkt des Selbstzweckes aber, der den Menschen als autonomes Subjekt seines Tuns voraussetzt, kann nach Aristoteles der Sklave kein menschliches Wesen verwirklichen, weil das Subjekt seiner Arbeit der Herr ist, die damit von fremden Zwecken bestimmt wird. Aber auch beim freien Arbeiter oder Kleinproduzenten, der die Möglichkeit entfalteten Menschseins besitzt, ist deren Aktualisierung durch die vom äußeren Zweck des Brotverdienstes erzwungene Tätigkeit mehr oder weniger gehindert, so daß sie Aristoteles auch nicht als Vollbürger akzeptiert.

Muße als Müßiggang hat also nach Aristoteles einen ganz geringen Stellenwert. Wer über Freizeit verfügt, dabei aber nur die Faulheit oder ein Wein, Weib und Gesang gewidmetes Genußleben pflegt, wirkt nicht an der Verwirklichung seines Wesens, sondern entwickelt die seinem Menschenstoff inhärenten Möglichkeiten gleichsam nur bis zum Animalischen. Doch auch die so wichtige vita activa, die dem Dienst in der Politik gewidmete Lebensform, ist nicht das Ideale schlechthin, weil diese Tätigkeit nicht frei ist von Fremdbestimmungen wie politischen Bedingungen, Kriegen, aber auch inneren Zwängen wie Ruhmsucht, Ehrgeiz, Machthunger. Allein die vita contemplativa, die theoretische, dem Erkenntnisgewinn dienende Lebensform hat als einzige ihren Zweck ganz in sich selber, insofern sie der spezifischen Natur des Menschen als eines Geistwesens am ehesten entspricht.

Man mag nun diese Einseitigkeit und Überschätzung der von allen äußeren praktischen Zwecken freien geistigen Arbeit in ihrer engen Verbindung mit der Entwürdigung körperlicher Tätigkeit beklagen. Und doch scheint solche Haltung nützlich gewesen zu sein, um dem theoretischen Denken den nötigen Startimpuls zu geben und den Weg zu ebnen. Sicher wurde das Ideal der vita contemplativa auch früher schon gelegentlich verwirklicht, wie etwa von Anaxagoras und Demokrit, und hat mit den Sophisten und Platon größere Resonanz erhalten. Doch erst ihre philosophische Rechtfertigung und Glorifizierung und die damit verbundene gesellschaftliche Aufwertung durch Aristoteles verschafften der Wissenschaft einen stärkeren personalen, materialen und dann auch formalen Fundus, der sich in den Überlegungen zur Struktur und Methode der Wissenschaft schlechthin zeigt und damit zu einem Ansatz von Wissenschaftstheorie führt.

Wesen und Klassifikation der Wissenschaft

Was Aristoteles über das Wesen der Wissenschaft, ihre disziplinäre Auffächerung und über den Erkenntnisprozeß selbst an vielen Stellen seiner Schriften geäußert hat, läßt sich auf keinen gemeinsamen Nenner bringen und zeigt manche Widersprüche. Sie sind einmal Ausdruck einer den Sachverhalten innewohnenden wirklichen Dialektik, rühren dann aber auch daher, daß sich im Denken des Philosophen materialistisch-dialektische Erklärungen und überlieferte idealistisch-metaphysische Deutungen häufig durchkreuzen. Hinzu kommen terminologische Schwankungen, die unser Verständnis erschweren, aber dort nur natürlich sind, wo das Bemühen um Eindeutigkeit in der Wissenschaftssprache beginnt. Deshalb gehen bei Aristoteles auch Worte wie Wissenschaft (Episteme), Weisheit (Sophia), Philosophie (Philosophia) u. a. begrifflich zuweilen noch ineinander über. Daher dürfen wir auch keinen streng definierten und einheitlich verwendeten Wissenschaftsbegriff erwarten, sondern nur zahlreiche definitorische Ansätze und Versuche, wobei schon gegebene Bestimmungen unter dem Gesichtspunkt neuer Sachverhalte abgeändert oder durch zusätzliche Bestimmungen ergänzt werden.
Wissenschaft hat es nun nach Aristoteles mit Erkenntnis dessen zu tun, was da ist. Wo nichts feststeht, sondern alles unablässig anders wird, kann auch nichts als Erkenntnis festgehalten werden. Daß nur das Beständige und Dauerhafte Gegenstand der Wissenschaft sein kann, nimmt also auch Aristoteles in der Nachfolge Platons an. Und Platon hatte insofern recht – und nur insofern –, als es tatsächlich die relativen Ruhe- und Gleichgewichtszustände sind und das in aller Veränderung verhältnismäßig Stationäre der allgemeinen und notwendigen Beziehungen, das wir zu bestimmen suchen, um dann

anhand solcher Bestimmungen die Vielfalt der wandelbaren Erscheinungsformen in Klassen zu ordnen. Wo nichts Bleibendes ist, kann auch nichts definiert werden, weil es im Moment des Definierens schon ein anderes wäre und die Definition nicht mehr zuträfe. Um also Wissenschaft treiben zu können, müssen die Dinge „feststellbar" sein. Etwas „feststellen", indem man darauf steht, sich darauf versteht, weist dann auch auf die ursprüngliche Bedeutung von Episteme, der griechischen Bezeichnung für Wissenschaft, und ist verwandt mit dem deutschen „Verständnis" und dem englischen „understanding".

Aristoteles entwickelt nun mehrere Entwürfe zur Klassifikation der Disziplinen, die im großen und ganzen den Wert einer Wissenschaft danach bemessen, wie weit sie eben über das Veränderliche, Individuelle und Zufällige des Stofflichen zum feststellbaren, unveränderlichen Sein der allgemeinen und notwendigen Prinzipien vordringt. Daß Aristoteles überhaupt eine Vielfalt von Wissenschaften annahm, war ja nicht ohne weiteres selbstverständlich und ergab sich aus seiner realistischen Naturauffassung in der Auseinandersetzung mit dem Wissenschaftsmonismus Platons. Dieser hatte eigentlich allein der als Dialektik bezeichneten Ideenlehre die Qualitäten einer Wissenschaft zugestanden. Aristoteles hingegen entzieht der Dialektik ihre reale ontologische Ideenbasis und verwandelt sie in das die Einzeldisziplinen übergreifende logische Methodeninstrument der Argumentations- und Beweistechnik. Die Natur in ihrer Gesamtheit aber hatte sich als ein Ensemble hierarchisch gegliederter Wirklichkeitsschichten mit unterschiedlichen Formstrukturen erwiesen und machte damit eine diesen „Gattungen des Seins" entsprechende Anzahl von Wissenschaften notwendig.

Nun ist die Wissenschaft nicht auf Wahrnehmung reduzierbar, hat aber diese zur Grundlage; denn „wenn ein sinnliches Wahrnehmungsvermögen ausfällt, fällt notwendig auch die entsprechende Wissenschaft aus".[3] Andererseits werden in manchen Disziplinen diese Grundlagen kaum theoretisch verallgemeinert. Sie begnügen sich mit empirischem Wissen um die äußeren Erscheinungen und mit der phänomenologischen Beschreibung der Sachverhalte. So ist es für bestimmte technische und gewerbliche Künste nötig, Kenntnisse darüber zu besitzen, daß die Dinge sind und sich so verhalten, aber keine Erkenntnisse, warum sie sind und sich so verhalten. Diese sogenannten Wissenschaften des „Daß" sind naturgemäß weit weniger wert- und würdevoll, als die zum höheren Wissen um das „Warum" vordringenden Disziplinen. Sie sind eigentlich nur Wissenschaften im weiteren Sinne.

Das gilt auch von den „praktischen" Wissenschaften (Handlungslehren) wie Politik, Ethik und Ökonomie, in denen die Handlungs- und Verhaltensweisen des Menschen im Vordergrund und damit die Erkenntnisse im Dienste der Praxis stehen. Von ihnen unterscheidet Aristoteles noch die „poetischen" Wissenschaften (Schaffenslehren), die sich um die Probleme der handwerklichen und künstlerischen Gestaltung eines Stoffes bemühen oder, wie die Medizin, den menschlichen Körper gesund „machen". Doch kann auch auf diesen Gebieten eine höhere Wissenschaftlichkeit erreicht werden, wie Aristoteles selbst mit seinem Werk zur „Poetik" bewiesen hat, in dem er eine ästhetische Theorie des Dramas entwirft. Im einzelnen freilich sind die poetischen und praktischen Wissenschaften oft schwer zu trennen und stimmen darin überein, daß die Erkenntnis hier wie dort nicht Selbstzweck ist und daß die Gegenstände in ihren Bereichen zu sehr am Werden teilhaben und deshalb so oder auch anders sein können und nicht notwendig so „sind", wie in den „theoretischen" Wissenschaften.

Bevorzugtes Interesse bringt Aristoteles eben diesen „theoretischen" Wissenschaften als den eigentlichen entgegen. Sie gliedern sich in Ontologie, Physik und Mathematik. Die Mathematik hat es mit den reinen, vom Körper abstrahierten Formen zu tun, betrachtet ihre Objekte also unabhängig vom jeweiligen Stoff. Der axiomatisch-deduktive Aufbau der Geometrie ist für Aristoteles das Leitbild, an dem er sein Wissenschaftsmodell orientiert. Doch zu einer fruchtbaren Verbindung von Mathematik und Naturforschung, die gerade zu Beginn der Neuzeit der modernen Physik den entscheidenden Impuls gab, ist es bei Aristoteles nicht gekommen. Ihm schienen die unbewegten Größen der Mathematik zur Beschreibung der bewegten Objekte der Physik ungeeignet; und diese physikalischen Bewegungen selbst waren für ihn durch laufenden Qualitätenwechsel bestimmt, während die Mathematik es eben mit Quantitäten zu tun hat. Auch von daher konnte er eine Mathematisierung der Naturwissenschaft als Quantifizierung des Qualitativen kaum annehmen.

Die Physik beschäftigt sich mit der Natur in ihrer Gesamtheit. Sie behandelt als Naturphilosophie deren allgemeine Existenzformen wie Raum, Zeit und Bewegung, hat es aber im besonderen auch mit

44

den einzelnen Bereichen zu tun; insofern gibt es auch eine botanische Physik, eine zoologische etc. Da sich alle diese Fachdisziplinen mit bestimmten Gattungen der existierenden Dinge befassen, muß es nach Aristoteles aber noch eine allgemeinere Wissenschaft geben, die sich mit der Existenz schlechthin und dem „Sein als solchem" beschäftigt. Das ist dann die Seinswissenschaft oder Ontologie, die er ebenso Erste Philosophie nennt, wie er auch die weniger allgemeine Physik als Zweite Philosophie bezeichnet. Die Ontologie heißt bei Aristoteles gelegentlich auch Theologik, insofern das göttliche Prinzip des unbewegten Bewegers, der eine aus der aristotelischen Bewegungslehre resultierende Denknotwendigkeit darstellt, die reinste Form des Seins ist, die damit der ganzen Seinslehre den Namen gab.

Die Ontologie ist also die höchste Wissenschaft, weil das Sein die allgemeinste, alles umfassende Kategorie darstellt. Denn die Wissenschaften im strengen Sinne zielen auf das Allgemeine, das das Wesen einer Klasse von Dingen ausmacht und ihnen deshalb notwendig zukommt. Je allgemeiner nun die allgemeinen Prinzipien einer Wissenschaft, und das heißt, je allgemeingültiger und übergreifender sie sind, desto vollkommener und ranghöher ist die Disziplin. So kennt die Seinslehre nur die 4 Prinzipien Form, Stoff, Kausal- und Finalursache, während die Geometrie in Gestalt von Definitionen, Axiomen und Postulaten mehr Prinzipien besitzt und darin wieder von den einzelnen Naturwissenschaften übertroffen wird. Die Tendenz, die Vollkommenheit einer Disziplin an ihre Abstraktheit und Allgemeinheit zu binden, hat in dem Bemühen mancher moderner Physiker, eine alle Phänomene umgreifende Weltformel zu finden, ebenso eine Parallele wie in der Behauptung M. Plancks, Naturwissenschaft habe sich stets entwickelt und vervollkommnet in dem Bestreben, „die bunte Mannigfaltigkeit der physikalischen Erscheinungen in einem einheitlichen System, womöglich in einer einzigen Formel, zu fassen" (Wege zur physikalischen Erkenntnis I. Leipzig 1943. 1 f.), die dann ungefähr dem aristotelischen Prinzip entspräche.

Deduktion und Induktion

In den aristotelischen Untersuchungen zum wissenschaftlichen Verfahren sind nun erkenntnistheoretische und logische Probleme aufs

engste miteinander verknüpft. Um Wissenschaft zu begründen,
mußte Aristoteles nachweisen, daß es möglich sei, ein verbindliches,
allgemeingültiges, intersubjektives oder wahres Wissen zu gewinnen.
Die Notwendigkeit, solche Möglichkeit zu sichern, ergab sich aus
der Philosophie vieler Sophisten, denen bei ihren Überlegungen zur
Erkenntnisfähigkeit nachgerade alles Objektive abhanden gekommen war. Sie hatten aus den Beobachtungen, daß eben das, was dem
einen kalt oder sauer erschien, von einem anderen als warm oder
süß empfunden wurde, das Fehlen eines verbindlichen Bezugspunk-
tes gefolgert und den einzelnen Menschen zum Maß aller Dinge gemacht. Deshalb konnten sie behaupten, „alle Wahrnehmungen und
alle Meinungen seien wahr", insofern diese in der von Individuum
zu Individuum differierenden und sich wandelnden Körperkonstitution ihren Grund hätten. In der Konsequenz dieser subjektivisti-
schen und relativistischen Überzeugung aber war Wissenschaft als
System allgemeingültiger Aussagen unmöglich gemacht. Deshalb
sah sich Aristoteles vor die Aufgabe gestellt, in seinen erkenntnis-
theoretischen und logischen Studien Wege aufzuzeigen, die zu „zwingend gewissen" und objektiven Erkenntnissen führen. So sind denn
auch gerade seine analytischen und dialektischen Studien und d. h.
seine Logik darauf gerichtet, eine methodisch sichere Diskussions-
technik auszuarbeiten, deren Anliegen es war, exakte Argumenta-
tions- und Beweisverfahren von unrichtigen zu scheiden und das
Denken vor Sackgassen zu sichern, um Fehlschlüsse und unzulässige
Verallgemeinerungen zu vermeiden.
Was Aristoteles zum wissenschaftlichen Erkenntnisverfahren mitteilt, hat bei den modernen Interpreten häufig Kopfschütteln her-
vorgerufen und ist auf den ersten Blick in der Tat unstimmig und
widerspruchsvoll. Das gilt vor allem von seinen Ausführungen zur
Rezeption der allgemeinen Wissenschaftsprinzipien, die als nicht
weiter ableitbare Basissätze die Beweisgrundlagen bilden, und es gilt
von seinen Bemerkungen zum Verhältnis vom Allgemeinen und Einzelnen schlechthin. So heißt es bei ihm, „man muß von den Einzeldingen zum Allgemeinen fortschreiten"[4], d. h. etwa durch Induktion,
aber auch, „man muß vom Allgemeinen zu den Einzeldingen fortschreiten"[5], d. h. etwa durch Deduktion; und dort, wo Aristoteles
ein weitgehend sensualistisch-realistisches Konzept entwirft, das von
der Sinneswahrnehmung ausgeht und auf induktivem Weg zu den
allgemeinen Prinzipien und Theorien gelangt, meint er dann etwas

46

unvermittelt, es sei der denkende und vernünftige Seelenteil (Nus), der in unmittelbarer Einsicht die Prinzipien und Axiome erfaßt. Solche Divergenzen scheinen aber zum großen Teil ihren Grund in der gedrängten und gerade hier recht sprunghaften Darstellungsform zu haben. Aristoteles hat offenbar doch ein weitgehend widerspruchsfreies, erkenntnistheoretisches Modell entworfen und dabei freilich nicht immer erfolgreich Deduktion und Induktion, Theorienbildung und empirische Forschung in ihrer methodischen Einheit zu fassen versucht. Wenn hier nicht alles aufgeht, dann liegt das auch daran, daß sich bei Aristoteles die beiden gegensätzlichen Wege der Forschung häufig zu zwei gegeneinander isolierten Wissenschaftskonzeptionen verabsolutieren. So gibt es die – gleichsam metaphysische – Auffassung von einer fertig ausgeformten Wissenschaft, die als ein ihren Gegenstandsbereich vollständig abbildendes, axiomatisch strukturiertes System wahrer Aussagen beweisend und erklärend verfährt und alle besonderen Wahrheiten aus je allgemeineren deduktiv ableitet. Dagegen verfährt die – gleichsam dialektische – wissenschaftliche Forschung tastend und probierend und steigt induktiv von der in der Wahrnehmung gegebenen besonderen Erscheinungsform des Allgemeinen zum Allgemeinen schlechthin auf. Die fertige Wissenschaft – und Wissenschaft kann bei der Unveränderlichkeit der allgemeinen Formprinzipien nach Aristoteles zum Abschluß kommen – spiegelt den Wirklichkeitsaufbau wider, wo ja auch alles Einzelne aus dem Formprinzip ursächlich hervorgeht, und steigt deshalb im erkennenden Nachvollzug dieses Wirklichkeitsaufbaus auch von den allgemeinen Prinzipien zum Einzelnen herab. Sie bewegt sich also von dem von Natur aus Früheren zu dem von Natur aus Späteren. Der Forschungsprozeß hingegen verläuft in umgekehrter Richtung, weil er den Erkenntnisaufbau reflektiert und von dem für uns Früheren des einzelnen Wahrnehmungsgegenstandes zu dem für uns Späteren des allgemeinen Formprinzips fortschreitet.

Nun behauptet Aristoteles, daß wir unser Wissen entweder durch Induktion oder durch Beweis erwerben. Damit ist zugleich gesagt, daß der induktive Schluß keine zwingende Beweiskraft besitzt, der ja in seiner üblichen Form tastend und hypothetisch vom Einzelnen zum Allgemeinen und damit nach Aristoteles von der Wirkung zur Ursache zurückgeht. Tatsächlich hat das Ableiten der Gründe aus den Wirkungen nicht die gleiche apodiktische (beweisende) Gewißheit, wie die Deduktion der Wirkungen aus den Gründen: „Wenn es regnet, wird die Straße naß", ist zwingender geschlossen als „Wenn die Straße naß wird, regnet es", denn dieser Schluß ist, da auch ein Sprengwagen die Ursache der Nässe sein könnte, nur wahrscheinlich.

Das „zwingend gewisse" Beweisverfahren, nach dem in einer fertigen Wissenschaft von ihren evidenten Prinzipien her alle Einzelaussagen deduktiv erschlossen werden, ist der Syllogismus. Die Ausarbeitung seiner einzelnen Formen stehen im Mittelpunkt der logischen Überlegungen des Aristoteles. Syllogismus bedeutet eigentlich Zusammenrechnung; dabei werden zwei als Prämissen fungierende, allgemeinere wahre Aussagen zu einer dritten als Schluß erscheinenden spezielleren Aussage „zusammengerechnet". So folgt in dem Syllogismus: „Wenn alle Griechen Menschen und alle Menschen sterblich sind, dann sind alle Griechen sterblich" der spezielle Satz, daß alle Griechen sterblich sind, notwendig aus den beiden Prämissen, daß alle Griechen Menschen und alle Menschen sterblich sind. Ebenso lassen sich auch die speziellen Sätze der Geometrie aus immer allgemeineren und schließlich aus den Axiomen und Postulaten deduzieren. Bei eben diesen höchsten Prinzipien oder Axiomen aber muß Schluß sein, da die Beweiskette nicht zu immer noch allgemeineren Aussagen unendlich weitergeführt werden kann. Diese höchsten Prinzipien freilich lassen sich, da sie nicht aus höheren mehr ableitbar sind, selbst nicht beweisen und also auch nicht definieren, weil eine Definition die Einordnung in eine höhere Gattung erfordert. Dann aber kann es nach Aristoteles – und hier zeigt sich eine unzulässige Beschränkung des Wissenschaftsbegriffes – von den höchsten Prinzipien keine Wissenschaft geben. Andererseits müssen diese Prinzipien, weil mit ihnen die Wahrheit aller abgeleiteten Aussagen steht und fällt, sicherer, bekannter und gewisser sein als alles andere.

Das Erfassen der Wissenschaftsprinzipien

Wie aber läßt sich die Wahrheit solcher prinzipiellen Axiome garantieren, die eben durch keine höhere Wahrheit mehr garantiert ist. Denn wenn die Grundwahrheit nicht stimmt, führt der Syllogismus in die Irre, obwohl alle Syllogismen von der gleichen Exaktheit sind. So ist z. B. der Schluß: „Wenn alle Griechen Heringe sind und alle

Heringe Fische, dann sind alle Griechen Fische" formallogisch völlig richtig, aber in seinem Erkenntniswert null und nichtig wegen der Falschheit der ersten Prämisse. Die wissenschaftliche Forschung jedoch hat es nicht mit so evident falschen, sondern meist mit wahrscheinlichen Aussagen zu tun, die, aus der Erfahrung verallgemeinert, in Hypothesen und Theorien auftreten und nun als Prämissen weiterer Schlußfolgerungen und Experimente fungieren. Mit den Syllogismen aus wahrscheinlichen Voraussetzungen beschäftigt sich Aristoteles in seiner „Topik". Sie spielt für sein wissenschaftstheoretisches Konzept eine größere Rolle als die deduktive Syllogistik, weil sie die Strategie seiner Forschungspraxis enthält, in der Aristoteles die Wissenschaft als ein dynamisches, nach vorn offenes und unfertiges System versteht, das rückgekoppelt seine eigenen theoretischen Voraussetzungen laufend korrigiert. Die Topik ist eine Art Sammlung von „Gesichtspunkten" (Topoi) für das dialektische Verfahren, mit dem die von Vorgängern und Zeitgenossen aufgestellten, mehr oder weniger wahrscheinlichen, aber noch nicht verifizierten Thesen geprüft, durch Eliminierung von Irrtümern (beinahe nach dem Popperschen Falsifikationsprinzip) in ihrer Stichhaltigkeit erhärtet und schließlich indirekt bewahrheitet werden. Auf diese Weise werden dann auch die obersten Grundsätze einer Wissenschaft gewonnen. Dafür entwickelt er ein knappes sensualistisch orientiertes Modell am Ende seiner Analytiken, wo deutlich dargelegt wird, daß „die Wahrnehmung das Allgemeine erzeugt" und daß wir „die ersten Prinzipien notwendigerweise auf induktivem Wege erkennen".[6] Zunächst zielt die singuläre Wahrnehmung auf das einzelne Objekt, vermittelt aber dabei schon einen provisorischen Eindruck vom Allgemeinen, insofern dieses Objekt selbst ja die Einheit von allgemeinem Formprinzip und individuellem stofflichem Substrat repräsentiert und also etwa Sokrates auch schon in seinem Menschsein erfaßt wird. Im weiteren Erkenntnisprozeß gewinnt die Form durch Abzug vom Individuellen (Abstraktion) ihre Allgemeinheit. Aus den Wahrnehmungen mehrerer Individuen derselben Art entstehen Vorstellungen, die wohl durch Verschleifung und Ablagerung im Gedächtnis stabilisiert werden. Aus zahlreichen Gedächtnisbildern baut sich dann die Erfahrung auf, die bereits mit allgemeinen Prädikaten arbeitet. Die anhand der Erfahrung durch das Denken gewonnenen allgemeinen Meinungen und Urteile sind im Hinblick auf Wahrheit oder Falschheit aber noch unbestimmt.

Erst die kritische Reflexion der Denkseele (Nus) macht diese Urteile durch Bewahrheitung zu wissenschaftlichen Aussagen; denn das Wissenschaftliche ist für Aristoteles unbedingt identisch mit dem Wahren. Und so gelangen wir schließlich zu den höchsten Prinzipien jeder Wissenschaft durch den Nus.

Nun sagt Aristoteles nicht wortwörtlich an der betreffenden Stelle am Ende der Analytiken, daß es der Nus bzw. das diskursive Denken ist, das die allgemeinen Prinzipien aus den Wahrnehmungen abstrahiert. Offenbar hat er auch hier gar nicht jene Form der Induktion im Auge, bei der von einem oft beobachteten Sachverhalt auf die Allgemeinheit und Gesetzmäßigkeit dieses Sachverhalts geschlossen wird. Denn die Feststellung, alle wahrgenommenen Schwäne sind weiß, läßt sich doch nicht zu der generellen Aussage erweitern, alle Schwäne sind weiß. Vielmehr meint Aristoteles wohl eine Art von „intuitiver Induktion". Dabei erfaßt der Nus anhand einer einzigen Wahrnehmung einen allgemeinen und prinzipiellen Sachverhalt. So kann der Chemiker durch ein einziges Experiment die allgemeine Gesetzmäßigkeit formulieren, daß zwei bestimmte Elemente unter bestimmten Bedingungen eine bestimmte Verbindung eingehen. Vor allem aber denkt Aristoteles wohl an die allgemeinen Sätze der Mathematik; denn er betont ausdrücklich, daß auch die mathematischen Prinzipien nur durch Induktion bekannt zu machen sind.[7] Dann kann er aber nur die „intuitive Induktion" meinen. Denn die Axiome, daß sich durch einen Punkt außerhalb einer gegebenen Geraden nur *eine* Parallele oder durch zwei Punkte nur *eine* Gerade ziehen läßt, werden nicht dadurch bewahrheitet, daß man unzählige Versuche, mehrere Parallelen zu einer Geraden oder mehrere Geraden durch zwei Punkte zu ziehen, erfolglos unternommen hat; sie werden vielmehr an einer einzigen Konstruktion evident. Die Denkseele oder der Nus aktualisiert so das allgemeine Prinzip, wie das Licht die im Dunkeln potentiell vorhandenen Farben anhand eines Wahrnehmungsobjektes. Hier versucht Aristoteles, wenn auch nur mit halbem Erfolg, einen anderen Weg zu gehen als Platon, der das wichtige erkenntnistheoretische Problem in seinem Dialog Menon aufgewiesen hatte. Dort erreicht Sokrates durch eine Konstruktion und durch geschickte Fragetechnik, daß ein bis dahin von aller mathematischen Belehrung unberührter Sklave nach einigen Holzwegen gleichsam unter dem Sachzwang logischen Denkens aus sich selbst das Wissen holt, daß man zu einem gegebenen Quadrat ein zweites mit dem doppelten Flächeninhalt genau dann erhält, wenn man dieses über der Diagonale des ersteren errichtet. Platon hat das mit seiner Lehre von den uns eingeborenen Erinnerungsbildern an die Ideen verbunden und gefolgert, daß wir das, was wir lernen, in gewisser Weise doch schon wissen. Mit der Ablehnung der Ideen scheint Aristoteles dieses absolute platonische apriori-Wissen richtig im Sinne eines relativen Apriori umgedeutet zu haben. Denn „alles Lehren und Lernen geht von einem vorher vorhandenen Wissen aus".[8] Das trifft gerade für die wissenschaftliche Forschung zu, die ja vom Bekannten ins Unbekannte vordringt. Das Bekannte selbst aber enthält immer prospektivisch in ungefährer und antizipierender Form ein apriori-Wissen von dem noch zu Erkennenden. So meint dann Aristoteles auch richtig: „Nichts hindert, glaube ich, an der Auffassung, daß man das, was man lernt, teils schon weiß, teils noch nicht weiß."[9]

Im großen und ganzen bietet Aristoteles also ein treffendes, auf dem Miteinander von Wahrnehmung und Denken gegründetes erkenntnistheoretisches Konzept, das einen empirischen Ausgangspunkt hat und die eigentliche Erkenntnis als Erzeugnis rationaler Tätigkeit begreift. Der Realist Aristoteles betont, daß die Tatsachen selbst den Forschungsweg zu bestimmen haben, und wendet sich energisch gegen alle, die nicht aus der Analyse der Tatsachen die Theorien ableiten, sondern den vorgefaßten Theorien und fixen Ideen die Tatsachen anpassen. Aristoteles selbst freilich ist manche fixe Idee seiner Zeit auch nicht losgeworden. So hat er die platonische Lehre von den angeborenen Ideen und den damit verbundenen Erkenntnis-Apriorismus abgelehnt. Daß er ihm dennoch durch ein Hintertürchen wieder Einlaß verschafft und so Unstimmigkeiten gerade in seine Erkenntnistheorie bringt, liegt an der von ihm bewahrten Idee einer unsterblichen Seele. Deshalb unterscheidet er schließlich innerhalb des denkenden Teiles der Seele einen passiven, rezeptiven Nus, der mit dem Körper zugrunde geht, von einem aktiven, produktiven Nus, der unsterblich und nur auf sich selbst bezogen ist, im Körper gleichsam als Fremdkörper wirkt und dorthinein „von außen kommt und allein göttlich ist".[10] Immerhin konnte Aristoteles mit dieser Konzeption eines vom Körper getrennten Nus der von manchen Sophisten vorgebrachten Behauptung entgegentreten, daß die Abhängigkeit des Denkens und Wahrnehmens von der wandelbaren individuellen Körperkonstitution objektive Erkenntnisse als Voraussetzung der Wissenschaft notwendig ausschließe.

Formale Logik und Wirklichkeit

Aristoteles kennt nun ganz allgemeine, in allen Wissenschaften gültige Axiome und weniger allgemeine, in den einzelnen Disziplinen dominierende Prinzipien. Zu den ersteren gehören die Sätze und Regeln der Logik. Insofern taucht die Logik, die das intellektuelle Instrument darstellt, mit dem in allen Wissenschaften Erkenntnisse formal aufgebaut, gehandhabt und zu neuen Einsichten verarbeitet werden, in den aristotelischen Versuchen der Wissenschaftsklassifikation als gesonderte Disziplin nicht auf. Die Peripatetiker haben dann alle zur Logik gehörenden analytischen (das Denken in seine formalen Grundelemente „zergliedernden") und dialektischen Schriften des Schulgründers unter der Bezeichnung „Organon" zusammengefaßt, d. h. Werkzeug oder Instrument des Erkenntniserwerbs. Oberstes Axiom dieser „allgemeinsten Wissenschaft" und damit aller Disziplinen, das weder zu beweisen ist noch bewiesen werden muß, ist der Satz des Widerspruchs, der aristotelisch lautet: „Es ist unmöglich, daß dasselbe demselben in derselben Beziehung zugleich zukomme und nicht zukomme." Danach können kontradiktorisch entgegengesetzte Aussagen wie „Die Blume ist rot – und die Blume ist nicht rot", aber auch Heraklits Lehre „Wir sind – und wir sind nicht" nicht beide zugleich wahr sein. Aus der Evidenz dieses Axioms folgt der Grundsatz des ausgeschlossenen Dritten, der besagt, daß zwei kontradiktorische entgegengesetze Urteile nicht beide falsch sein können und es noch ein drittes Urteil geben müßte, das die Beziehung von „Blume" und „rot" wahr widerspiegelte. Dagegen wird das Prinzip der Identität als ganz selbstverständlich nebenbei erwähnt; denn „zu sagen, das Seiende ist und das Nichtseiende ist nicht, ist wahr", entspricht dem A = A.
Auf der anderen Seite aber können Nichtsein und Sein im Begriff des Werdens vermittelt werden, insofern das Noch-nicht Seiende als das der Möglichkeit nach doch schon Seiende verstanden wird, das sich zu dem der Wirklichkeit nach Seiende hinbewegt. Freilich sind die logisch-dialektischen Überlegungen des Aristoteles viel inhaltsreicher, als es hier angedeutet werden kann.
Aristoteles gilt mit Recht als Schöpfer der formalen Logik, der ohne

Zweifel bedeutsame Ansätze seiner Vorgänger Parmenides, Demokrit, Sokrates und Platon zeitgemäß vollendete. Er hat die Gesetzmäßigkeiten der Verknüpfung von Begriffen zu Aussagen in seiner
Prädikatenlogik behandelt und die Verbindung von Aussagen in seiner Syllogistik erschöpfend dargestellt, die jenes im Zusammenhang
mit seinem idealtypischen, axiomatisch strukturierten Wissenschafts-
system schon berührte deduktive Schluß- und Beweisverfahren be-
trifft. Wie aber hat er die unter dem Aspekt der modernen Grund-
lagendiskussion wichtige Frage entschieden, ob die von der formalen
Logik behandelten allgemeinen Formen des Denkens auch allgemeine Formen der Wirklichkeit widerspiegeln oder bloß denk-
immanente Spielregeln bzw. Konventionen ohne Realitätsbezug
sind. Eine Reihe von Textbelegen weisen nun deutlich darauf hin,
daß der Realist Aristoteles die innere Stimmigkeit des subjektiven
Denkens als Abbild objektiver Sachverhalte verstand. Er ist weit
entfernt von der transzendentalen Logik Kants, die im Grunde eine
bloß interne Angelegenheit des Verstandes ist, weil die ganze Er-
fahrungswelt ihrer Form nach ein Produkt des Geistes darstellt und
die Gegenstände der Erkenntnis selbst durch den Erkennenden
hervorgebracht werden. Dagegen gibt es bei Aristoteles eine Entsprechung von Seins- und Erkenntniskategorien; bei ihm taucht die
von Parmenides noch auf unkomplizierte Weise konzipierte Einheit von Sein-Denken-Sprache nach ihrer Zergliederung bei Platon
auf höherem Niveau wieder auf. Hier gibt es ein entwickeltes Bewußtsein des Problems, wie die richtigen Worte einen begrifflichen
Zusammenhang richtig darstellen und dieser wieder mit einem realen Sachverhalt übereinstimmt. Eben deshalb ist der aristotelische
Wahrheitsbegriff die Übereinstimmung der als Aussage oder Aus-
sagenkomplex geformten Erkenntnis mit dem betreffenden objektiven Sachzusammenhang. Einen Hinweis auf den Realitätsbezug
der logischen Gesetzmäßigkeiten gibt Aristoteles im Hinblick auf
den Satz vom Widerspruch: „Das Problem ist nicht, ob der Mensch
als Terminus zugleich sein und nicht sein kann, sondern als Gegenstand."[11] Auch das logische Urteil bzw. die Aussage ist ihrer sprachlichen Form nach ein „Aufzeigen" oder „Offenbaren" eines wirklichen Sachverhalts.
Die Formalisierung der Logik hat Aristoteles nur bis zu einem gewissen Grad durchgeführt. So bietet er den zitierten Syllogismus in
der Gestalt „Wenn alle A B sind und alle B C sind, dann sind alle

(1) Alle C sind B
    Alle B sind A
    Alle C sind A

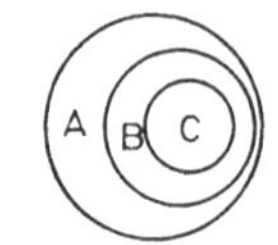

(2) Alle C sind B
    Kein B ist A
    Kein C ist A

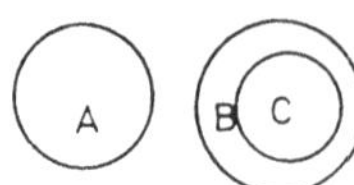

(3) Ein C ist B
    Alle B sind A
    Ein C ist A

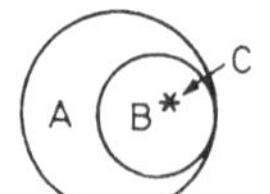

(4) Ein C ist B
    Kein B ist A
    Ein C ist kein A

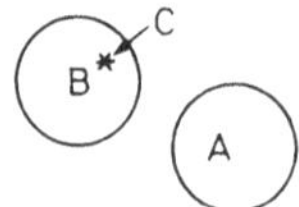

(1) Kein X ist M
    Alle N sind M
    Kein X ist N

(2) Ein X ist M
    Kein N ist M
    Ein X ist kein N

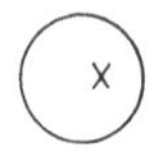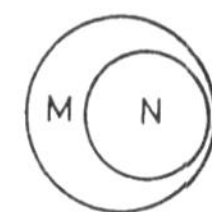

(3) Ein X ist kein M
    Alle N sind M
    Ein X ist kein N

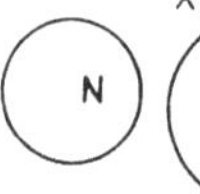

(4) Manche X sind kein M
    Alle N sind M

    Manche X sind kein N

8 Zu den Syllogismen in nacharistotelischer Schematisierung

A C." Dabei hat er die Termini durch die Variablen A, B, C ersetzt,
dagegen die prädikatenlogischen Konstanten „alle" und „sind" und
also die Beziehungen zwischen den Termini nicht symbolisiert. Für

54

das realitätsbezogene Denken des Aristoteles aber ist gerade die Formulierung der Aussage typisch, in der einem Subjekt eine bestimmte Eigenschaft prädiziert oder zugesprochen wird. Aristoteles benutzt hier nicht, wie die Römer und wir, das Verbum „sein" als blasse Kopula, die Subjekt und Prädikatsnomen verbindet und durchaus auch darauf deuten könnte, es seien nur Termini aufeinander bezogen. Vielmehr gebraucht er ein Verbum, das die wirkliche Existenz bezeichnet, so daß die oben zitierte Aussage bei Aristoteles nicht lautet, „alle A sind B", sondern „allen A liegt B wirklich zugrunde". Hier wird die Existenz einer Sache an einer anderen behauptet. Sicher weisen die Variablen auf die Unabhängigkeit der syllogistischen Verbindung vom jeweiligen konkreten Inhalt. Aber diese Verbindung bildet im Grunde einen objektiven Zusammenhang ab, wie er zwischen allen möglichen, durch die Symbolbeziehung repräsentierten realen Sachverhalten notwendig besteht.

Auch die aristotelischen Kategorien sind als Grundformen der Aussage zugleich Denk- und Wirklichkeitsformen. So stellt Aristoteles diese Verbindung nachdrücklich fest mit der Bemerkung: „Auf wie vielfache Weise Aussagen gemacht werden, auf ebenso vielfache Weise bezeichnen sie das Sein."[12] In der Kategorienlehre zeigt sich das für griechisches Denken seit der philosophischen Morgenröte typische Bemühen, die Mannigfaltigkeit der Erscheinungen auf wenige allgemeine Prinzipien zu reduzieren. In Anlehnung an die allgemeinen Klassen der Wirklichkeit versucht Aristoteles auch im sprachlich-geistigen Bereich, die Vielfalt dessen, was man sagen und denken kann, unter wenige Grundtypen zu subsumieren. Er glaubt im wesentlichen, mit 10 allgemeinen Aussageformen, die auf der sprachlichen Ebene sich als „in keinem syntaktischen Zusammenhang stehende Worte" darstellen, alle speziellen Aussagemöglichkeiten erfassen zu können. Diese Kategorien sind:

1. Das Wesen als Substanz	4. Relation	8. Leiden
2. Quantität	5. Ort	9. Sich-Verhalten
3. Qualität	6. Zeit	10. Eine Stellung innehaben
	7. Tun	

Zentrale Kategorie ist das Wesen, eine Bezeichnung, die Aristoteles in nicht eindeutiger begrifflicher Bestimmung verwendet. So nennt er das konkrete individuelle Ding als selbständige Einheit von Form und Stoff ein Wesen. Aber in diesen verschiedenen individuellen Wesen steckt dann ja das allgemeine, mit dem Formprinzip identische Wesen, das als das innerhalb einer Klasse von Dingen Invariante in der Definition begrifflich erfaßt wird und damit allein Gegenstand des Wissens sein kann, während die erste Art von Wesen Objekt der sinnlichen Wahrnehmung ist. Der Doppelsinn von Wesen käme etwa in folgendem Satz zum Ausdruck: „Dieses Wesen hat ein cholerisches Wesen", wobei das erste Wesen die individuelle Person, das zweite Wesen mehr seine interne Struktur meint.

Von diesem Wesen selbst kann man unzählige Eigenschaften aussagen, die sich auf die allgemeinsten Bestimmungen zurückführen lassen. Vom Satz: „Diese 20 cm lange, rote Blume wurde gestern in der Gärtnerei geschnitten", gehört ‚Blume' in Kategorie 1, ‚20 cm lang' in 2, ‚rot' in 3, ‚gestern' in 6, ‚in der Gärtnerei' in 5, ‚wurde geschnitten' in 8. Diese Kategorientafel blieb im Grunde bis zu Kant gültig, der ihre fehlende systematische Ableitung aus den Urteilsformen tadelte und zugleich eine verbesserte Tafel vorlegte. Weil er aber die Kategorien als Denkformen apriori umdeutete, die keine Abbilder realer Formen wären, sondern umgekehrt der Natur die Gesetze vorschrieben, hat er ihre bei Aristoteles vorhandene Objektivität und damit ihre Erkenntnisfunktion preisgegeben. An der Realität der Natur aber hat Aristoteles so wenig gezweifelt, daß er sogar die von Demokrit eingebrachte und von Galilei und Locke aufgegriffene Lehre wieder zurücknahm, nach der wir am Wahrnehmungsbild objektive und primäre Qualitäten wie Größe und Bewegung von subjektiven und sekundären Qualitäten wie Farbe und Wärme zu unterscheiden hätten. Im Sinne eines nahezu naiven Realismus behauptet Aristoteles daher, alle Wahrnehmungen seien wahr.[13] Auch hier zeigt sich seine Neigung, Naturwissenschaft auf der Basis biologischer Erscheinungen als Qualitätenlehre zu verstehen.

Bewegung, Raum und Zeit

Die Naturwissenschaft betrachtet bewegte Dinge, die die Quelle der Bewegung in sich selbst haben.[14] Damit ist in erster Linie der Gegensatz zu den hervorbringenden und handelnden Künsten im oben beschriebenen Sinne bezeichnet. Denn beim Kunstprodukt ist die Quelle im Hervorbringenden (als Vernunft, Kunst oder als irgendein Vermögen), beim Getanen im Handelnden (als Entschluß); sie ist hier im Menschen vorhanden, insofern er denkt, produziert, Pläne realisiert oder seinem Willen entsprechend handelt. Das Artefakt hat im Gegensatz zum Naturprodukt keinerlei in ihm selbst liegende Tendenz zu irgendwelcher Veränderung seiner selbst; es besitzt eine solche nur insofern, als es nebenher noch aus Stein, Erde oder anderem Material besteht.[15]

Aristoteles hat nun Bewegung und Veränderung als Grundphänomene der Natur nicht nur hingenommen, sondern auch ein wahres Wissen von ihnen für möglich gehalten. Wer diese Phänomene nicht auf den Begriff bringen kann, versteht auch nicht die Natur.[16] Die Meinung, man könne über das Veränderliche überhaupt nichts Wahres aussagen, hatte sich durch die übertriebene Skepsis des Kratylos von selbst der Lächerlichkeit preisgegeben. Dieser glaubte nämlich am Ende überhaupt nichts mehr sagen zu dürfen und erhob nur noch den Finger, bemerkte Aristoteles ironisch; Kratylos hatte sogar die Aussage des Heraklit, man könne „nicht zweimal in denselben Fluß steigen", in Frage gestellt, weil bereits einmal in *denselben* Fluß zu steigen unmöglich sei.[17]

Aristoteles wandte sich nicht nur gegen das skeptische Negieren der Möglichkeit einer Wissenschaft von der Natur, sondern hielt auch Platons Versuch, durch mathematische Idealisierung des Naturgeschehens die Erkenntnisproblematik zu bewältigen, für kritikwürdig. Denn wenn man Physik auf Mathematik reduziert, verzichte man bereits darauf, die materielle Beschaffenheit und damit die Prozessualität der natürlichen Dinge zu untersuchen.

Um den Unterschied zwischen dem Mathematiker und dem Physiker zu verdeutlichen, bediente sich Aristoteles des berühmt gewor-

denen Beispiels von der Stubsnase. Der Physiker bezeichnet eine bestimmte Nasenform als *Stubs-*, nicht als *konkav,* weil in „Stubs-" (das ist die konkav gekrümmte *Nase*) das *Materialmoment* begrifflich miterfaßt ist. Das griechische Wort für stubsnäsig – und das ist der Witz – enthält nicht das Wort, wohl aber den *Begriff* der Nase; wie im Deutschen das Bucklige nur vom Rücken oder das Schielen nur von den Augen ausgesagt wird. Ebenso verhält es sich nach Aristoteles mit der Natur, wie sie der Physiker im Gegensatz zum Mathematiker zu betrachten hat. „Natur" ist (wie „Buckel") bereits dem Begriffe nach an das der Bewegung oder Veränderung fähige Material gebunden. Der Mathematiker definiert seine Gegenstände jedoch ohne Rücksicht darauf, daß es sich beispielsweise bei Kugel, Zylinder und dgl. in Wirklichkeit um die Begrenzung von Naturkörpern handelt. (Das Griechische hat zwei Worte für „Körper"; Soma und Stereon, die für den physischen bzw. für den mathematischen Körper stehen.) Er betrachtet die Sterea nur aus methodischen Gründen als selbständig existierend; der Mathematiker sieht am Buckel eben nur das Gekrümmte und klammert den Rücken aus, der den Physiker jedoch gleichfalls zu interessieren hat.
„Natur" bedeutet also zweierlei: sowohl die Gestalt wie das Material. Deshalb hätten wir in aller Naturbetrachtung jene methodische Sachlage, wie wenn wir das Wesen der Stubsnäsigkeit bestimmen wollten; d. h.: Gegenstände solcher Art hätten wir nicht ohne Rücksicht auf das Materialmoment zu untersuchen, aber auch nicht bloß hinsichtlich ihres Materialmoments. Beim Studium der alten Denker gewänne man nämlich den Eindruck, Gegenstand der Physik sei das Material; Männer wie Empedokles und Demokrit hätten nur wenig das Moment der Gestalt und Wesensbestimmtheit berührt. Wenn Gestalt und Material die Gegenstände ein und derselben Wissenschaft sein müssen, analog zu Bauplan und Baustoffen in der Architektur, dann bilden also beide Momente zusammen den Gegenstand der Physik.[18]
Aristoteles wollte die Einseitigkeit der bisherigen Naturbetrachtung überwinden. Die von ihm hochgeschätzten Naturphilosophen Empedokles und Demokrit hatten seines Erachtens genau das vernachlässigt, worauf es nach Platons idealistischer Konzeption einzig und allein ankommen sollte, auf die Suche nach den unwandelbaren Ideen, den reinen Formen oder Gestalten. Das sei zwar tatsächlich die Hauptsache, gestand er seinem Lehrer zu, aber es sei grund-

sätzlich verkehrt an der Ideenlehre, das von dem Naturgebilde gedanklich Isolierbare als „Urbilder" der Sinnesdinge auszugeben. Unmöglich könne das Wesen von dem gesondert existieren, dessen Wesen es ist.[19] Indem Aristoteles das Wesen nicht jenseits, sondern in der Erscheinung, bzw. das Allgemeine nur im Einzelnen, als wirklich existierend erachtete, war die Einheit von prozeßhafter Erscheinung und dem wissenschaftlich allein faßbaren Ruhigen, Bleibenden oder Beharrenden in den Phänomenen betont. Der verbleibende Dualismus im Aristotelischen Naturbegriff (Natur = Stoff + Form) ist der Platonschen Trennung von Ideen- und Scheinwelt geschuldet.

Das Prinzip der Bewegung

Bewegung, Raum und Zeit gibt es nach Aristoteles nicht an sich, sondern nur zugleich mit den Dingen. Was ist nun das (ruhige) Prinzip, der Ursprung oder die Quelle ihrer Bewegung und der Prozesse überhaupt, denen sie unterworfen sind? Daß nämlich jeder Prozeß notwendig seine bestimmte Quelle habe, ist grundlegender Lehrsatz der Aristotelischen Bewegungslehre.[20] Was beim Prozeß des Herstellens oder bei der erzwungenen Bewegung die Quelle ist, liegt auf der Hand. Worauf aber beruht die Gesetzmäßigkeit der *Natur*prozesse, wenn man Platons Schöpfungsmythos und dessen Lehre von der sich selbst bewegenden Weltseele zurückwies?
Mit seiner Hypothese eines Ersten Bewegenden bot Aristoteles eine originelle Lösung der Problematik an. Er überlegte: Wenn A von B, B von C, C von D usw. bewegt wird, gelangt man nach einer endlichen Anzahl von Schritten stets zu einem ursächlichen Ausgangspunkt der Bewegung. Solange sich A bewegt, muß es von einem B, dieses von einem C und letztlich von einer ersten oder äußersten Ursache in Bewegung gehalten und nicht nur in Bewegung gesetzt werden. Die Bewegung der einzelnen Glieder erfolgt dabei gleichzeitig und wird durch unmittelbaren körperlichen Kontakt vermittelt. Aber wie bei einer umgerührten Suppe die Nudeln von der Suppe, sie selbst vom Kochlöffel und dieser von der Hand der Köchin bewegt wird, so geht auch in keinem anderen Bewegungssystem der kausale Regreß bis ins Endlose. Gäbe es ein Bewegungssystem ohne ein Erstes Bewegendes, dann müßte es unendlich viele Glieder enthalten. Das aber führt, wie Aristoteles zeigte, zu absurden Konse-

quenzen. Zugleich zeigt sich, daß alle Bewegung ein reales Unbewegliches voraussetzt. Wer einen Wagen ziehen will, muß festen Boden unter den Füßen haben; wer ein Boot fortbewegen will, bedarf eines Stützpunktes außerhalb des Bootes. Grundsätzlich gelte das auch für die Bewegung des Universums.[21] Daher könne die Welt eben nicht, wie es sich Platon vorgestellt hatte, von innen her bewegt werden, sondern benötigte den Kontakt mit etwas Unbeweglichem außerhalb ihrer selbst. Deshalb ist Aristoteles' absolut erstes Prinzip der Bewegung ein *selbst unbewegtes* Bewegendes, das in der äußersten Himmelssphäre lokalisiert sei. Obwohl von Aristoteles als Gott bezeichnet, handelt es sich um eine physikalische Hypothese zur Erklärung der Rotation des Weltalls. Sein absolut Erstes Bewegendes wirkt kontinuierlich und ewig; ein zeitlicher Anfang der Himmelsrotation wäre unmöglich. Damit verwies er den Platonischen Schöpfungsgedanken als physikalisch und, wie noch gezeigt wird, als logisch unhaltbar in den Bereich der Dichtung.
Die aristotelische Argumentation zugunsten der Unerschaffenheit der Welt wurde später oftmals herangezogen, um die christliche und islamische Schöpfungslehre zurückzuweisen. So berief sich der letzte bedeutende Leiter der Akademie und streitbare Gegner des Christentums, Proklos, ebenso auf Aristoteles wie später Avicenna und Averroës, deren Werke die Philosophie und Naturwissenschaft an den europäischen Universitäten der Renaissance stark beeinflußten.

Bewegung und Zeit

Ein wichtiges Argument für die Anfanglosigkeit des Weltprozesses gewann Aristoteles aus der Analyse des Zusammenhangs von Bewegung und Zeit. Wenn die Kreisbewegungen am Himmel und die Prozesse unterhalb des Mondes einmal begonnen hätten, müßte auch die Zeit einen Anfang haben. Das aber sei unmöglich und widerspreche zudem der traditionellen Auffassung. Denn wie sollte sich eine frühere prozeßlose und eine spätere prozeßhafte Phase überhaupt unterscheiden ohne das Dasein der Zeit? Oder wie könnte es Zeit ohne das Dasein von Prozessualität geben? Wenn die Zeit Maßzahl für den Prozeß oder selbst eine Art Prozeß ist, so muß unweigerlich, falls die Zeit immer besteht, auch der Prozeß immer bestehen. Fast alle Denker aber waren von der Anfanglosigkeit der Zeit über-

60

zeugt, abgesehen von Platon, der ihre Entstehung mit der Schöpfung des Weltalls verbunden hatte.

Aber wenn es wahr ist, daß Zeit ohne das Moment des Jetztpunktes weder sein noch gedacht werden kann, der Jetztpunkt aber als ein Wert zwischen zwei weiteren Werten gedacht werden muß, indem er gleichzeitig einen Anfangs- und einen Endcharakter besitzt – ersteren für die anschließende, letzteren für die vorausgegangene Zeit –, dann muß es notgedrungen immer Zeit geben. Denn, welche Zeit man auch als letzte (im Fortgang oder Rückgang) ansehen möchte, ihr Ende muß in einen Jetztpunkt fallen – etwas anderes als der Zeitpunkt läßt sich ja an der Zeit nicht fixieren – und das besagt: so gewiß der Jetztpunkt gleichzeitig ein Anfang und ein Ende ist, muß es jedesmal auf beiden Seiten desselben eine Zeit geben. Gibt es aber (auf beiden Seiten desselben) Zeit, dann zweifellos auch Prozessualität, so gewiß die Zeit eine Art von Bestimmtheit an der Prozessualität ist.[22]

Die Endlosigkeit des Weltprozesses geht gleichfalls aus dieser Überlegung hervor, denn die Zeit kann aus demselben Grunde, aus dem sie keinen Anfang hat, auch keine Ende haben. Es kam Aristoteles auf den Nachweis an, daß es eine prozeßlose Zeit weder gegeben hat noch geben wird. Darin, daß Zeit an Bewegung gebunden ist, stimmte er mit Platon überein, nicht aber mit dessen Postulat, Bewegung und Prozeß habe einmal begonnen und damit auch die Zeit. Vom Anfang oder vom Ende der Zeit zu sprechen wäre unlogisch, und weil Zeit untrennbar an Bewegung gebunden ist, kann auch die zeitliche Begrenztheit des Weltalls nicht gedacht werden. Eigentümlich an Platons Standpunkt ist die Annahme von nur einer zeitlichen Grenze; nachdem die Welt einmal geschaffen worden sei, bestünde sie ewig.

Den Zusammenhang von Bewegung und Zeit behandelt Aristoteles ausführlich.[23] In der Frage nach dem Wesen der Zeit verlasse uns die wissenschaftliche Tradition. Die einen Denker hätten erklärt, die Zeit sei nichts anderes als die Bewegung des Weltalls, die anderen, sie sei die Himmelsschale selbst. Dagegen sei einzuwenden, daß Bewegung und Veränderung lediglich *Bedingungen* der Zeit sind. Die Zeit erscheine zwar als eine Art von Prozeß und Veränderung, sie sei aber nicht mit ihnen identisch. Denn die Veränderung und Bewegung, welche ein Gegenstand erleidet, spiele sich allein an diesem betreffenden Gegenstand selbst ab bzw. allein an dem Ort, wo er sich befindet. Die Zeit umfasse jedoch in gleicher Weise alle Örter und alle Gegenstände. Daher sei zu fragen, welches Moment an der Bewegung die Zeit darstelle. Seine Antwort lautet: Die

Zeit ist das Zahlmoment an der Bewegung. Man bezeichne ja auch die Zeit nicht wie die Bewegung oder irgendeinen Prozeß als schnell oder langsam, wohl aber als viel oder wenig dank ihrem Zahlencharakter und als lang oder kurz dank ihrer Kontinuität. Quantitative Unterschiede in der Bewegung werden durch die Zeitangabe bestimmt, durch die Angabe der Anzahl der verstrichenen Tage, Stunden etc. Die Zeit ist also eine Art von Zahl; sie ist Anzahl, nicht Zählzahl.

Trotz ihres Zahlcharakters ist die Zeit nicht etwa die Aufeinanderfolge kleinster diskreter Zeiteinheiten bzw. „Zeitatome". Die Zeit existiert ja nicht an sich, sondern entspricht strukturell der Struktur der Bewegung. Und die ist kontinuierlich, weil die zu durchlaufende Strecke kontinuierlich ist. So bilden Zeit und Bewegung ein Kontinuum. Der Zeit*punkt*, der aus dem vergangenen und dem künftigen Zeitstück ein Kontinuum macht, ist selbst überhaupt keine Zeit, sondern lediglich ihr Kontinuitäts- und Begrenzungsprinzip. Dieser Jetztpunkt verhält sich zur Zeit wie der mathematische Punkt zur Linie und ist potentielles Teilungsprinzip. Es lag Aristoteles fern, den Zeitpunkt etwa als das gegen Null gehende Zeitintervall oder als Zeitstück der Größe Null zu fassen. Jede Art von Prozeß, sei es Entstehen und Vergehen, Größenzunahme, Qualitätsveränderung oder Ortsbewegung, spielt in der Zeit und kann nicht instantan verlaufen.

Auch die Frage der Objektivität der Zeit hat Aristoteles zu klären versucht. Wenn unter Zeit dasjenige verstanden wird, was man bei der Bewegung messen kann, dann taucht die Frage auf, ob es Zeit geben kann, wenn keine Seele existiert. Gibt es nichts, was zum Messen und Zählen imstande ist, dann kann es zweifellos keine Zahl und damit auch keine *gezählte* Zeit geben. Nun ist aber die Zeit ein Moment oder eine feste Eigenschaft der Bewegung, und alles, was es auf der Erde, im Meer und am Himmel gibt, ist der Bewegung unterworfen. Sind Zeit und Bewegung voneinander unabtrennbar, dann gibt es Zeit, wo immer es Bewegung oder Möglichkeit zur Bewegung gibt. Also existiert die Zeit, wie er es verstand, ebenso unabhängig von der Wahrnehmung wie die Bewegung.

Gibt es nun so viele verschiedene Zeiten, wie es voneinander verschiedene kontinuierliche und simultan stattfindende Prozesse gibt? Man denke sich *sieben* Hunde und *sieben* Pferde; ihre Anzahl ist die gleiche. Ebenso hätten auch die simultanen Prozesse nur eine und dieselbe Zeit; unabhängig davon, ob der eine schnell und der andere langsam abläuft oder der eine eine Ortsbewegung und der andere eine Qualitätsveränderung darstellt.

Weiterhin werde die Zeit mittels einer Bewegung, die Bewegung mittels einer Zeit gemessen, und zwar derart, daß mittels der zeitlich festgelegten Bewegungseinheit das Quantum sowohl der Bewegung wie auch der Zeit gemessen wird. Man gehe dabei aus gutem Grunde von einer gleichmäßigen Kreisbewegung, d. h. von der Drehung des Fixsternhimmels, als dem Urmaß aus. Deshalb gelte ja auch die Zeit einfach als Drehung der Himmelskugel, denn mittels dieser Himmelsdrehung mißt man die übrigen Bewegungen, und die Zeit erfährt durch diese Bewegung ihre Maßbestimmung. Aus dieser Sachlage ergebe sich die Rede vom menschlichen Leben sowie vom Entstehen und Vergehen aller übrigen Naturgebilde als einem *Kreislauf*; deswegen nämlich, weil all das in seiner Struktur nach dem Maß der Zeit gegliedert wird und als periodischer Prozeß vorstellbar ist. Die Zeit selbst erscheine als Kreislauf, was seinerseits seinen Grund darin habe, daß die Zeit das Maß für die Messung solcher Kreisläufe, solche Kreisläufe aber wiederum das Maß für die Messung der Zeit darstellen. Die Rede von der Kreisstruktur der Prozeßgebilde besage also nichts anderes als eine Kreisstruktur der Zeit.

Ort und leerer Raum

Raum und Zeit waren für Aristoteles keine Begriffe a priori, die ohne jede Erfahrung zu bestimmen wären. Es sei „das natürliche Schicksal unserer Erkenntnis", daß sie von dem auszugehen hat, was für uns das Einsichtigere und Deutlichere ist, und fortzuschreiten zu dem, was der sinnlichen Wahrnehmung ferner liegt. Auch in der Naturwissenschaft müsse man so verfahren, d. h. das, was *schlechthin* früher und bekannter ist, aus dem zu gewinnen, was *für uns* früher und bekannter ist.[24] Das wird auch an einschlägiger Stelle unterstrichen, wo erörtert wird, wie man die ersten Prinzipien der Einzelwissenschaften erkennt.[25] Die Art und Weise ihrer Gewinnung war ein wichtiges Argument gegen die von Platon angestrebte Fundamentalwissenschaft, aus der alles Wissen abgeleitet werden könnte. Denn der irreführende Anspruch, dann auf der angeblich für immer feststehenden theoretischen Grundlage ein umfassendes und zudem endgültiges Wissen gewinnen zu können, und das ohne jede weitere empirische Forschung, leugnet nicht nur die Möglichkeit der weiteren Wissenschaftsentwicklung, sondern wäre einfach unrealistisch und vermessen. Der wissenschaftliche Irrtum muß immer einkalkuliert werden. An diesem „natürlichen Schicksal" der Erkenntnis kann auch ein zehnjähriges Mathematikstudium, das Platon vom angehenden Philosophen forderte, nicht rütteln. Aristoteles legte großen Wert darauf, dies nicht zu verkennen. Einsteins Auseinandersetzung mit den „verderblichsten Taten" der Philosophen, die gewisse Grundbegriffe der Naturwissenschaft (wie Raum und Zeit) in die unangreifbare Höhe des Denknotwendigen versetzt hätten, fällt in der Tendenz mit Aristoteles' Kritik an Platon zusammen.

Aristoteles ging von der Betrachtung der im Prozeß befindlichen Dinge aus, ohne deren Vorhandensein nichts geschieht und ohne die es weder Raum noch Zeit gibt. Die allgemeinste und beherrschende Weise des Prozesses sei die Ortsveränderung, die als Bewegung bezeichnet wird. Der Physiker müsse auch für den Ort (Topos, daher „Topologie") die Fragen nach Existenz und Begriff stellen. Zu bedenken sei, daß die Frage nach dem Wesen des Ortes überhaupt nur deswegen gestellt wird, weil es die Ortsveränderung gibt. Nach Aristoteles aber ist nur ein solcher Körper an einem Ort, der außer sich einen ihn enthaltenden Körper hat. Der Ort sei die unmittelbare

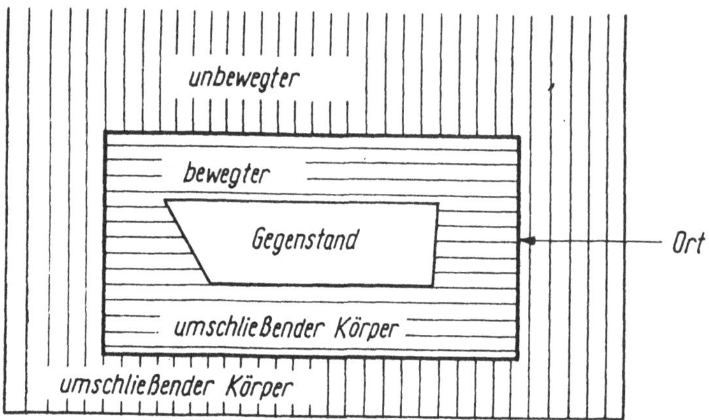

9 Zum Ortsbegriff

(d. h. nächstgelegene) nicht in Bewegung begriffene Angrenzungsfläche des den Gegenstand umschließenden Körpers.[26] Dieser Ortsbegriff besagt, daß man nur in bezug auf einen Vergleichskörper sinnvoll von Ort und Ortsveränderung sprechen kann. Es ergebe keinen Sinn, nach dem Ort eines Körpers zu fragen, wenn nur dieser eine allein existierte. So habe auch das All überhaupt keinen Ort, da es bereits alles, was es gibt, enthält, selbst also nicht in irgend etwas enthalten ist. Von dieser Vorstellung, wonach die Orte der Körper geometrisch verbunden sind, hängt auch der Raumbegriff des Aristoteles ab. Der physikalische Raum des Aristoteles ist weder absolut noch leer und daher kein Kasten, in dem sich die Dinge bewegen, sondern nur vorhanden und in seiner geometrischen Struktur bestimmt durch die Existenz der bewegten Dinge. Diese Überlegungen weisen im Ansatz eher auf das Raumkonzept der Allgemeinen Relativitätstheorie als auf Newton. Wenn nun außerhalb des Himmels kein Körper sein, entstehen oder dorthin gelangen kann, so ist nach Aristoteles evident, daß dort weder ein Ort, noch ein Leeres, noch Zeit existiert. Denn an jedem Ort muß auch ein Körper sein können; unter leerem Raum versteht man etwas, wo kein Körper vorhanden ist, aber sein könnte. Und Zeit ist Zahl der Bewegung, Bewegung ohne Naturkörper kann es jedoch nicht geben.

Da also die Topologie der Welt erst durch die sich bewegenden Dinge determiniert ist, kann der physikalische Raum nicht von dem ihn kontinuierlich ausfüllenden Stoff getrennt werden. Ein leerer Raum hätte keine geometrische Struktur und somit keine Eigenschaften, die die Richtung einer Bewegung bestimmen könnten. Die Dinge bewegen sich aber nach der Lehre des Aristoteles in wohlbestimmter Weise, die „schweren" pflegen zu fallen, die „leichten" aufzusteigen, und die weder schweren noch leichten Himmelskörper bewegen sich kreisförmig. Demnach gibt es zwangsläufig weder den Raum noch den leeren Raum im Sinne einer selbständigen Realität.

Dennoch hielt Aristoteles eine ausführliche Erörterung über das Leere für angebracht. Immerhin gab es für Demokrit nur diese beiden Realitäten: die Atome und den leeren Raum. Und Aristoteles nahm auch die Auffassung ernst, nach der ohne ein Leeres Ortsveränderung (Translation und Größenzunahme) nicht möglich sei. Er versuchte dagegen zu zeigen, welche unhaltbaren Konsequenzen sich aus der Annahme des Leeren ergeben, so daß sich diejenigen, welche die Existenz eines Leeren für eine unerläßliche Bedingung möglicher Bewegung halten, eher das Gegenteil sagen lassen müßten: Für kein einziges Ding gebe es eine Möglichkeit der Bewegung, wenn ein Leeres existiert.

Tatsache ist, es gibt Bewegung. Sie sei entweder gewaltbewirkt oder naturbedingt. Soll es gewaltbedingte Bewegung gegen die Naturtendenz geben, muß eine naturgemäße Bewegung vorausgesetzt werden. Wie aber sollte es naturgemäße Bewegung geben bei der Annahme eines unendlichen Leeren, in dem es offensichtlich kein Oben, kein Unten und keinen Mittelpunkt gibt? Da mit „natürlicher" Bewegung diejenige des Leichten vom Mittelpunkt weg, d. h. nach oben, die des Schweren zu ihm hin, d. h. nach unten, oder die der Gestirne um ihn herum gemeint ist, lautet demnach die Alternative: entweder existiert keine natürliche Bewegung oder aber – falls es eine solche gibt – kein Leeres.

Ein weiteres Argument ergab sich aus der Erklärung der Wurfbewegung. Als Grund für die Tatsache, daß der Gegenstand seine Bewegung fortsetzt, wenn er die Verbindung mit der stoßenden Kraft verloren hat, hätten einige den Örteraustausch zwischen dem Körper und der verdrängten Luft angegeben. Aristoteles selbst nahm an, daß die angestoßene Luft den Gegenstand mit einer Geschwindigkeit vorwärtstreibt, die größer ist als die Geschwindigkeit, mit welcher der vorwärtsgetriebene Gegenstand seinerseits auf seinen natürlichen Ort zueilt. In einem Leeren könnte es hingegen nur den Transport geben. Das Phänomen des Wurfs schien also nur unter Voraussetzung eines transportierenden Mediums (z. B. Luft) möglich. Dazu meint er:

Es wäre unerfindlich, wie [in einem Leeren] ein einmal in Bewegung gekommener Körper an irgendeiner Stelle wieder zur Ruhe kommen könnte. Denn welche Stelle sollte in einem Leeren eine solche Auszeichnung vor den übrigen Stellen besitzen können? Es bliebe also nur die Alternative: entweder ständige Ruhe oder aber, sofern nicht eine überlegene Gegenkraft hemmend ins Spiel treten sollte, unendlich fortgehende Bewegung.

Er setzte den Gedanken fort:

Man arbeitet hier mit dem Anschein, daß die Bewegung eines Körpers eine solche in ein Leeres hinein sei; denn dieses eben gebe [einer Bewegungstendenz] nach. Aber im Leeren gälte diese Sachlage sofort in gleicher Weise nach allen Richtungen, so daß sich ein [im Leeren bewegender] Körper gleichzeitig nach allen Richtungen bewegen müßte.[27]

66

Die Unmöglichkeit eines Leeren ergebe sich nicht minder zwingend, wenn man von dem Widerstand ausgeht, den das Medium einem in ihm bewegten Körper bietet. In Wasser fällt ja ein Stein langsamer als in Luft, und ein Schiff läßt sich leichter durch Wasser als durch Sand ziehen. Durchläuft ein Körper A das Medium B in der Zeit C, das dünnere Medium D jedoch in der Zeit E, dann stünden die Durchlaufzeiten C und E – wenn die zurückgelegten Strecken gleichgroß sind – im selben Verhältnis wie die spezifischen Widerstände der Medien. Ist D nun doppelt so dünn wie B, dann sei A in D doppelt so schnell wie in B. Und es gelte allgemein: je unkörperlicher, widerstandsärmer und also leichter durchteilbar das Medium, desto schneller die Bewegung in ihm. In einem Leeren benötigte A schließlich überhaupt keine Zeit mehr zum Durchlaufen dieser Strecke, die Bewegung verliefe instantan. Das wäre in der Tat physikalisch nicht möglich. Nimmt man aber an, der Körper benötigte im Leeren F doch eine bestimmte, wenn auch viel kleinere Zeit G, als das Durchlaufen derselben Strecke in D erfordert, dann ließe sich immer ein Medium finden, das in der gleichen Zeit G durchlaufen wird. Die Annahme, die Bewegung in einem Leeren verlaufe nicht instantan, führt also zu dem Resultat, Volles und Leeres behindere die Bewegung eines Körpers in gleicher Weise!

Das letzte wichtige Argument des Aristoteles lautet: Körper mit größerem Fall- bzw. Steigvermögen legen unter sonst gleichen Umständen eine Strecke schneller zurück als solche mit geringerer natürlicher Tendenz zu fallen oder aufzusteigen, und zwar proportional zu ihren Ausdehnungsgrößen. Das müßte auch innerhalb eines Leeren gelten, was aber offensichtlich ausgeschlossen sei. Denn worauf sollte hier eine höhere Geschwindigkeit des einen Körpers gegenüber einem anderen beruhen können? Im Vollen verhalte es sich ja so, daß der Körper von größerer Ausdehnung das Medium dank seiner Stärke schneller teile, denn solche Teilung eines Mediums richte sich entweder nach der Gestalt, die er hat, oder aber nach dem Steig- oder Fallvermögen, welches ihm in seiner natürlichen oder auch in seiner Wurfbahn eigentümlich ist. Im Leeren müßten diese Körper demnach allesamt gleiche Geschwindigkeiten haben! Ist das aber ausgeschlossen, dann auch die Existenz des Leeren; was zu beweisen war.

Daß die Welt ein Volles, ein kontinuierlich mit Stoff Erfülltes sein müsse, unterstrich Aristoteles nachdrücklich. Wie wäre denn die Tatsache der Wahrnehmung erklärlich ohne die Annahme eines zusammenhängenden Mediums zwischen Sinnesorgan und Objekt? Wenn jemand das Farbige unmittelbar aufs Auge legt, so wird er es nicht sehen. Vielmehr erregt die Farbe das Durchsichtige, z. B. die Luft, von diesem aber als einem Zusammenhängenden wird das Sinnesorgan erregt. Unrichtig sei die Aussage Demokrits: Wenn das Medium leer wäre, könnte auch eine Ameise deutlich am Himmel gesehen werden. Nach Aristoteles kommt das Sehen dadurch zustande, daß das Wahrnehmungsvermögen etwas erleidet, und zwar nicht *direkt* seitens des gesehenen Objekts, sondern nur vermittels des vom Objekt erregten Mediums. Ist dieses leer, so werde überhaupt nichts gesehen. Entsprechendes gelte auch für Schall und Geruch, Tastsinn und Geschmack.[28]

Bewegungslehre und Erfahrung

Wer an der Überzeugungskraft der genannten Argumente gegen die Existenz eines Leeren zweifelt und vielleicht gerade diejenigen Bemerkungen für vernünftig hält, auf die bei Aristoteles ein „Aber das ist unmöglich!" folgt, der muß bedenken, daß er in anderen als in aristotelischen Begriffen zu Hause ist. Der Zusammenhang, in dem diese Argumente stehen, ist zu berücksichtigen und insbesondere der damalige Erkenntnisstand. Ohne die Vorstellung der Impulserhaltung oder ohne den Begriff des Impetus (die spätere Vorform des Impulsbegriffs) ist seine Erklärung des Wurfs durchaus nicht von vornherein absurd. Und seine Hypothese des ständig wirkenden Ersten Bewegers ist bei fehlender Vorstellung der Drehimpulserhaltung auch nicht abwegig.

Aristoteles selbst war sich der historischen Begrenztheit der Naturerkenntnis bewußt. So konstatierte er, man richte die Untersuchung weniger auf die eigentliche Sache als gegen den, der das Gegenteil sagt; man forsche schließlich auch bei sich selbst nur so lange, bis man nichts mehr gegen sich selbst einzuwenden wisse. Derjenige komme in der Forschung am weitesten, der alle gegensätzlichen Ansichten genau in Betracht gezogen hat.[29]

Seine auffällige Eigenschaft, sich mit den Ansichten zeitgenössischer und vergangener Denker in kritischem Dialog auseinanderzusetzen, ob sie ihm nun geistig nahe standen oder nicht, war in hohem Maße damit verbunden, die Beobachtung und die alltägliche Erfahrung mitsprechen zu lassen. Seine Bewegungslehre war keine Studie am grünen Tisch; sie erscheint uns heute wohl eher zu sehr an der Empirie orientiert und nicht abstrakt genug.

Beinahe ängstlich bemüht, nicht ins Bloßmathematische abzugleiten, lag es ihm völlig fern, etwa wie Galilei den Einfluß des Mediums auf den Vorgang des freien Falls nur als störenden Faktor zu betrachten. Das Medium der Bewegung ist ja, soweit die Erfahrung reicht, wirklich; andernfalls müßten alle Körper unabhängig von ihrem Gewicht gleichschnell fallen, was nach Aristoteles unmöglich, nach Galilei jedoch zu fordern war. Aus der Perspektive des Aristoteles gesehen wäre die mathematische Naturbetrachtung, sei es die der hellenistischen Astronomen oder die Galileis und Newtons, unphysikalisch und deren Resultate mathematisch konstruiert. Tatsächlich sind die Bewegungsgesetze nicht mathematisch formulierbar ohne das Postulieren idealer Bedingungen, die in der Realität immer nur annähernd erfüllt sind. Andererseits wären die großen Erfolge in der Naturwissenschaft ohne die Mathematik und ohne so manches verfehlte Postulat wie die Fernwirkung von Kräften, die instantane Ausbreitung einer Wirkung usw. nicht zustande gekommen. Trotz der außerordentlich fördernden Rolle der Mathematik in der Naturforschung wird die empirische Überprüfung ihrer Ergebnisse aber nie überflüssig, sondern durch das Benutzen der exaktesten aller Wissenschaften eher vordringlich. Aristoteles hat mit Nachdruck auf diese Problematik verwiesen, die später Albert Einstein in „Geometrie und Erfahrung" treffend formulierte:

Insofern sich die Sätze der Mathematik auf die Wirklichkeit beziehen, sind sie nicht sicher, und insofern sie sicher sind, beziehen sie sich nicht auf die Wirklichkeit.

Das Anliegen, eine Naturwissenschaft zu konzipieren, die theoretisch und empirisch befriedigt, kann schlechterdings nicht veralten.

Die Struktur der Welt

Das Universum des Aristoteles ist kontinuierlich mit Stoff ausge-
füllt, es ist kugelförmig begrenzt, woraus nach Aristoteles auch die
Begrenztheit des physikalischen Raums folgt. Es besteht im subluna-
ren Bereich aus einer Mischung von Feuer, Luft, Wasser, Erde und
im supralunaren Bereich lediglich aus dem „Körper der Kreisbewegung", auch „Erster Körper" oder „Äther" genannt; das ist das
5. Element, die „Quintessenz" der späteren aristotelischen Tradition.

Die Elementenlehre

Die Elementenlehre des Aristoteles stützt sich auf Empedokles, der
aber das All insgesamt aus den vier Elementen bestehen ließ. Diese
Grundkörper kommen in reiner Form in der Natur nicht vor; die
Dinge sind aus ihnen zusammengesetzt und haben Eigenschaften, die
sich aus dem Mischungsverhältnis erklären lassen sollten. Das Element oder der *einfache* Körper Erde ist also mit wirklicher Erde
nicht identisch, und das gilt entsprechend für Wasser, Luft und
Feuer. Die Einführung des 5. Elements, das die Eigenschaft abso-
luter Unwandelbarkeit besitze, war ein Novum, das in der Antike
zumeist abgelehnt wurde. Die Elemente selbst sind erste, einfache
und also ungemischte *Körper*, die nach Aristoteles aus dem Grund-
stoff und den jeweils von den Grundqualitäten Warm-Kalt und
Feucht-Trocken geprägten *Formen* bestehen. Das Feuer ist bestimmt
durch die Grundqualitäten Warm und Trocken, die Luft durch
Warm und Feucht, das Wasser durch Kalt und Feucht und die Erde
durch Kalt und Trocken.
Entstehen und Vergehen verstand Aristoteles als reinen Umwand-
lungsprozeß, als einen Kreislauf, der mit der Rotation des Fixsternhimmels vergleichbar sei. Unmöglich könne etwas aus dem Nichts
entstehen; ein Körper entstünde nur dort, wo vorher ein anderer
Körper vorhanden war.[30] Ein Werden schlechthin gebe es also nicht,
wohl aber könnten sich Elemente ineinander umwandeln, z. B.

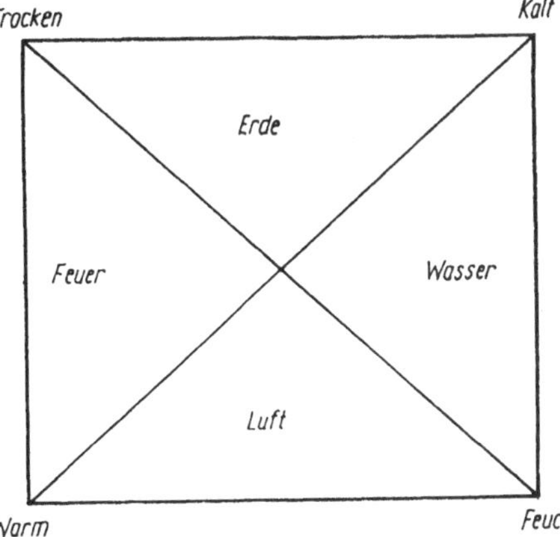

10 Die Elemente und ihre Grundqualitäten

Feuer in Luft und umgekehrt. Aristoteles lehnte jedoch die Begründung Platons für die Umwandlungsfähigkeit ab. Im „Timaios" hatte dieser die Hypothese aufgestellt, daß die Elemente mit den regelmäßigen, aus Elementardreiecken bestehenden Polyedern Würfel (Erde), Ikosaeder (Wasser), Oktaeder (Luft) und Tetraeder (Feuer) identisch seien. Die 5. Zusammenfügung – gemeint ist vermutlich das Dodekaeder – habe Gott zum Umriß des Weltganzen benutzt. Elementardreiecke sind das gleichschenklige mit den Winkeln 45°, 45°, 90° und das ungleichseitige Dreieck mit den Winkeln 30°, 60°, 90°, die man wegen ihrer Kleinheit nicht sehen könne; bei entsprechender Menge entstünden aber dennoch wahrnehmbare Körper aus ihnen. Das Interessante an diesem geometrischen Atomismus ist der quantitative Aspekt. Aus der Struktur von Wasser, Luft und Feuer ergibt sich für ihre Fähigkeit, ineinander überzugehen, folgendes Resultat: 1 Teil Wasser = 1 Teil Feuer und 2 Teile Luft, 1 Teil Luft = 2 Teile Feuer, somit auch $2^{1}/_{2}$ Teile Luft = 1 Teil Wasser. Eine Ausnahme bildet die Erde, sie sei durch Feuer zersetzbar, aus ihren Teilen entstünde aber wieder Erde.

Nach Aristoteles handelte es sich hierbei um eine mathematische, physikalisch wertlose Spielerei; denn dagegen spräche, daß die wahrnehmbaren Körper Schwere besitzen, was für die Dreiecke, aus denen die Begrenzungsflächen der Platonischen Körper zusammengesetzt sind, nicht zuträfe. Daß ein Punkt keine Schwere haben kann, sei leicht einzusehen; dann aber auch weder die Geraden noch die Flächen und folglich auch keiner von diesen Körpern.[31]

Aristoteles hat keine einheitliche Elementenlehre geschaffen. Er entwickelte mehrere Theorien, die in Abhängigkeit von den jeweiligen Fragestellungen differieren und aus der Diskussion insbesondere mit jenen erwachsen sind, die um jeden Preis an ihren Thesen festhalten wollen, als ob nur sie die wahren Prinzipien besäßen.[32] Seine Aussagen über die Elemente beanspruchen also Gültigkeit nur im jeweiligen Begründungszusammenhang. Er war logisch diszipliniert genug, um nicht aus der erwiesenen Falschheit oder Unzulänglichkeit der gegnerischen Ansicht auf die Unfehlbarkeit der eigenen zu schließen. Nicht selten trifft man bei ihm auf Bemerkungen, die sein Suchen nach der *richtigeren* Meinung belegen: Alle Denker hätten jeweils in einem besonderen Punkte recht, keiner aber im ganzen. Sie bestätigten das selbst, indem sie nicht alle dasselbe, sondern Gegenteiliges sagen. Das liege an ihren falschen Voraussetzungen, und es sei schwer, aus Unrichtigem Richtiges zu gewinnen. Man müsse daher schon zufrieden sein, wenn man einiges besser und einiges nicht gerade schlechter als die anderen ausdrückt.[33] Die vom Forscher erreichbare Akribie ist nach Aristoteles außerdem nicht allein eine Frage subjektiven Vermögens, sondern hat objektiv bedingte Grenzen. Der Exaktheitsanspruch dürfe nicht bei allen wissenschaftlichen Problemen in gleicher Weise erhoben werden; gelegentlich müsse man sich damit bescheiden, die Wahrheit nur grob und umrißhaft anzudeuten, denn wenn die Prämissen ungenau seien, könne man auch von den Schlußfolgerungen nichts anderes erwarten. Der logisch Geschulte werde also nur insoweit Genauigkeit auf dem einzelnen Gebiet verlangen, als es die Natur des Gegenstandes zuläßt.[34] So sind beispielsweise zwar charakteristische Unterschiede in der Lebensdauer oder in den Trächtigkeitszeiten der Tiere feststellbar, aber die Natur könne wegen der Unbestimmtheiten des Stoffes darin keine Genauigkeit erreichen. Die zyklischen Prozesse und die einzelnen Prozeßphasen im Bereich des Werdens und Vergehens sind eben, am Umschwung der Gestirne gemessen, zeitlich unscharf.[35]

Die Planeten und die Erde

Den einfachen Körpern entsprechen nach Aristoteles einfache Bewegungen, die geradlinige und die kreisförmige. Die natürliche Bewegung der irdischen Elementarkörper sei die zur Mitte hin bzw.

die von der Mitte weg. Die Kreisbewegung sei die natürliche Bewegung allein des Ersten Körpers, des Himmelselements. Damit hängt sein Begriff des Schweren und Leichten zusammen. Unter „schwer" und „leicht" verstand er die Fähigkeit zu einer gewissen natürlichen Bewegung. Schlechthin leicht sei das sich stets aufwärts (zum Rand hin) und schlechthin schwer das sich stets abwärts (zur Mitte hin) Bewegende. Danach ist Erde schlechthin schwer, denn das aus ihr Bestehende bewege sich, falls es nicht daran gehindert wird, stets abwärts. Wasser und Luft sind nur vergleichsweise schwer oder leicht; schwer sind Wasser in Luft und Luft in Feuer, leicht sind Wasser in Erde und Luft in Wasser. Allein das Feuer ist schlechthin leicht. Die Körper der Kreisbewegung sind demnach weder leicht noch schwer, da der Äther keinerlei natürliche Tendenz zur Aufwärts- oder Abwärtsbewegung besitze.

Ferner ruhen die irdischen Elemente, wenn sie sich an ihren natürlichen Orten befinden; der natürliche Ort der Erde ist der Mittelpunkt der Welt, so daß die ganze Erdkugel unbeweglich in der Mitte verharren muß; die natürlichen Orte von Wasser, Luft und Feuer sind die weiteren sphärischen Schichten bis zu der durch den Mond bestimmten oberen Grenze. Während die irdischen Körper mit dem Erreichen ihrer natürlichen Orte zur Ruhe kommen, befinde sich der Erste Körper deshalb in ewiger Kreisbewegung, weil hier Anfang und Ziel der Bewegung ein und derselbe Ort sei.

Die Annahme einer gewissen sphärischen Schichtung der irdischen Körper entsprechend ihrer natürlichen Tendenz zur Abwärtsbewegung – von zwei gleichgroßen Körpern falle derjenige mit dem größeren Gewicht schneller – beruht offenbar auf elementarer Beobachtung. Nicht an jedem Ort erscheine derselbe Gegenstand schwer oder leicht; eine Tonne Holz, die in Luft schwerer sei als ein Pfund Blei, sei dagegen in Wasser leichter.

Ein weiterer wichtiger Unterschied zwischen den Sternen und den irdischen Dingen besteht nach Aristoteles auch in der Bewegungsform. Die Kreisbewegung sei durch konstante Geschwindigkeit charakterisiert, während die Bewegung längs einer Geraden stets ungleichförmig verlaufe. Es gelte das Gesetz: Ein Körper bewegt sich seinem Ruheort mit steigender Geschwindigkeit zu (z. B. freier Fall), und er wird langsamer, wenn er sich in einer von außen bewirkten, naturwidrigen Bewegung befindet (z. B. Wurf nach oben) Es sind also bei Körpern, die sich geradlinig bewegen, Anfangs-

und Endgeschwindigkeit verschieden, und im Falle der naturgemäßen Bewegung ist demnach die Endgeschwindigkeit um so größer, je größer die Entfernung zwischen Ausgangspunkt und natürlichem Ort.[36] Dieses Gesetz beschleunigter Bewegung sollte gleichermaßen für das Schwere und das Leichte gelten.

Auf die Frage, ob das All unbegrenzt oder in seiner Gesamtmasse begrenzt ist, konnte es deshalb nur eine Antwort geben: Wenn Erde, je näher sie zur Mitte kommt, um so schneller fällt und Feuer, je weiter oben es ist, um so schneller steigt, dann müßte die Geschwindigkeit unendlich werden, wenn die Bahn unendlich wäre.[37] Die Geschwindigkeit eines realen Körpers kann aber nicht beliebig zunehmen. Das All muß aber auch deshalb eine Grenze haben, da es sonst keinen täglichen Umschwung ausführen könnte. Wäre der Abstand Erde–Fixstern unendlich, dann auch der von diesem Stern zurückgelegte Weg. Das aber ist unmöglich, weil Unendliches nicht durchlaufen werden kann. Folglich kann die Welt nur endlich sein.[38]

Hinsichtlich der Planetenbewegung orientierte er sich an Eudoxos, der eine Möglichkeit gefunden hatte, wie man die auffälligste Ungleichförmigkeit, die sog. 2. Anomalie, auf gleichförmige Kreisbewegungen zurückführen kann. Die Planeten bewegen sich ja vor dem Hintergrund der Fixsterne nicht ständig nach Osten, sondern haben auch rückläufige Bewegungsphasen, wobei sie in den entsprechenden Wendepunkten scheinbar zum Stillstand kommen. Nach einer für jeden Planeten charakteristischen Zeitspanne, der synodischen (mit der Sonne „mitgehenden") Umlaufzeit, wiederholt sich dieser Vorgang. Da er streng periodisch abläuft, läßt er sich – modern gespro-

	Eudoxos	Kallippos	Aristoteles	
Saturn	4	4	4	
Jupiter	4	4	4	3
Mars	4	5	5	3
Venus	4	5	5	4
Merkur	4	5	5	4
Sonne	3	5	5	4
Mond	3	5	5	4
	26	33	33 + 22	

Die Sphärenanzahl im homozentrischen Planetensystem

chen – in gleichförmige Komponenten zerlegen. Das war eine geniale und die weitere astronomische Entwicklung bestimmende Idee, auf der auch die Methode der Reihenentwicklung beruht.

Eudoxos hatte für Saturn, Jupiter, Mars, Venus und Merkur je 4 Kugelschalen angenommen, d. h. eine für die tägliche Bewegung des Planeten, eine für den siderischen (fixsternbezogenen) und die beiden anderen für den synodischen Umlauf, für Sonne und Mond aber, da sie nicht rückläufig werden, nur 3 Kugelschalen. Kallippos hat dann in der Absicht, eine genauere Theorie der Erscheinungen zu bieten, bei Sonne und Mond zwei und bei den übrigen Planeten außer Jupiter und Saturn je eine weitere Kugelschale hinzugefügt. In der Anzahl der die Planeten tragenden Sphären – an der jeweils innersten sollten diese Gestirne befestigt sein – stimmte Aristoteles mit Kallippos überein, da er sich an den neuesten Stand der Forschung zu halten pflegte. Jedoch mußten seiner Ansicht nach zu diesen insgesamt 33 Sphären noch sog. rückrollende Sphären hinzukommen, die zwischen den einzelnen Sphärensystemen derart anzuordnen wären, daß die jedem Himmelskörper eigentümliche Bewegung aufgehoben wird und folglich nur die tägliche Umdrehung übrigbleibt, die sich dem jeweils inneren Sphärensystem mitteilt. Saturn und Jupiter sollten demnach 4 tragende und 3 zurückrollende Sphären haben, entsprechend Mars, Venus, Merkur und Sonne je 9 (5+4) und der Mond 5 Sphären, da dieser keine rückrollenden benötige. Die Anzahl der konzentrisch ineinander geschachtelten Kugelschalen beträgt nach Aristoteles also insgesamt 55, d. h. 33 tragende und 22 rückrollende.[39]

Aristoteles erhöhte die Sphärenanzahl also nicht, um weitere Anomalien oder bisher unberücksichtigte Erscheinungen zu erklären (das überließ er den Astronomen), sondern um eine gleichsam mechanische Übertragung der Urbewegung des äußersten Himmels bis hinunter zum Mond verständlich zu machen. Die Einführung der rückrollenden Sphären war physikalisch, nicht astronomisch bedingt. Daß sich Eudoxos mit dieser zumindest sehr gewagten Mechanisierung seines geometrischen Modells identifiziert hätte, ist kaum anzunehmen. Denn er wird wohl gewußt haben, daß die Bewegungsabläufe der Himmelskörper und die astronomischen Erscheinungen überhaupt viel komplizierter sind und sich nur unzureichend durch das homozentrische System mit der in der Mitte ruhenden Erdkugel erklären lassen. Die späteren Astronomen haben das jedenfalls bald erkannt und erheblich leistungsfähigere Modelle entworfen, in denen lediglich das Erklärungsprinzip: Reduzierung auf einfache Kreisbewegungen, erhalten blieb. Der geometrische Entwurf des Eudoxos veraltete relativ rasch und damit auch die Ausdeutung mittels der Begriffe Erster einfacher Körper, rückrollende Sphären, absolut Erstes Bewegendes. Aristoteles war selbst zu wenig astronomischer Fachmann, um ein kritischeres Verhältnis zu den mathematischen Erklärungen der zeitgenössischen Astronomie entwickeln zu können.

Für die Reihenfolge der Planeten formulierte Aristoteles ein Gesetz, das bis hin zu Copernicus eine große Rolle spielte. Danach war zu konstatieren: *Je größer die (siderische) Umlaufzeit, desto größer die Entfernung von der Erde.* Dieses Ordnungsprinzip, das offenbar auf der leicht zu zeigenden Tatsache beruht, daß sich von zwei in Wirklichkeit gleich schnell bewegten Körpern derjenige langsamer zu bewegen scheint, der sich in größerer Entfernung befindet, ist aus aristotelischer Sicht auch physikalisch verständlich. Da die Himmelskörper den Tierkreis in west-östlicher Richtung durchlaufen, scheinen sie hinter der allgemeinen Rotation des Himmels in unterschiedlichem Maße zurückzubleiben. So verstünde man, daß der der einfachen Urbewegung am nächsten stehende (Saturn) die längste Zeit für einen vollen Umlauf braucht, der am weitesten entfernte (Mond) die kürzeste Zeit; denn was am nächsten steht, werde am meisten mitgerissen, das jeweils weiter Entfernte dagegen immer weniger wegen seines Abstandes.[40]

Ob man nun die unterschiedliche Bewegung der einzelnen Himmelskörper wie Aristoteles interpretierte, der sich darin im Prinzip der Theorie des Anaxagoras und der Atomisten anschloß, nach der die Wandelsterne von der allgemeinen Wirbelbewegung des Weltganzen unterschiedlich mitgerissen werden, oder ob man wie Platon und die späteren Astronomen von der Eigenbewegung der Planeten sprach, die von der Rotation des Fixsternhimmels unbeeinflußt sei, war für die Beantwortung der Frage nach den Positionen von Mond, Sonne und Planeten in der Tiefe des Raums belanglos. Saturn, der im täglichen Mittel die kleinste Strecke vor den Fixsternen zurückzulegen scheint, durchläuft die größte Bahn, Jupiter und Mars entsprechend kleinere Bahnen. Dann folgen die aus geozentrischer Sicht „gleichläufigen" Venus, Merkur und Sonne. Im geringsten Abstand von der Erde bewegt sich offenbar der Mond, da er die größte

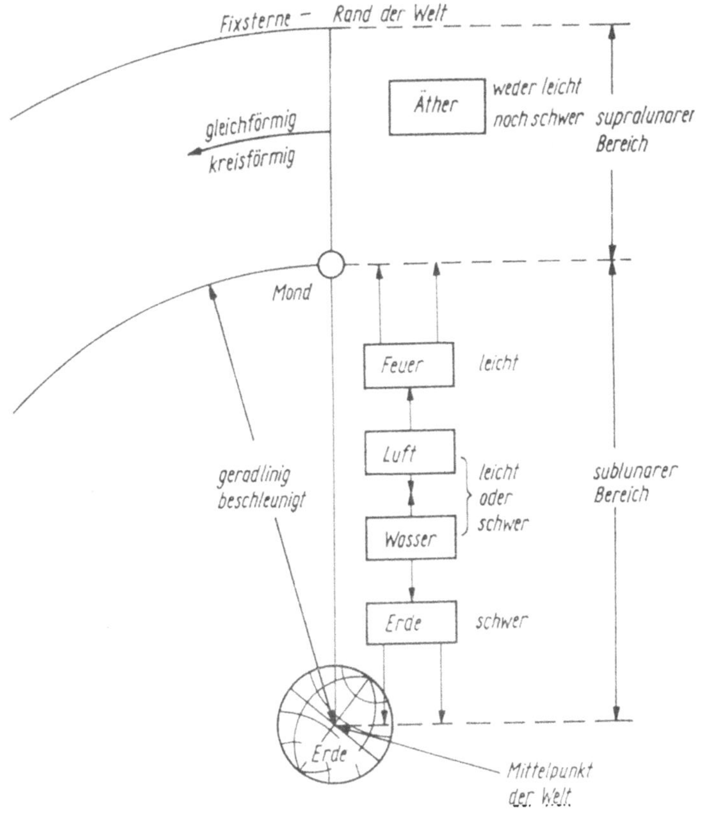

11 Die natürliche Bewegung der „einfachen Körper" (Elemente)

Eigenbewegung habe und gelegentlich auch vor den Planeten vor-
übergehe. Aristoteles berichtet von einer Bedeckung des Mars und
verwies auf die Ägypter und Babylonier, die an den übrigen Gestirnen ähnliches beobachtet hätten.[41]
Obwohl nach diesem Ordnungsprinzip unentschieden blieb, welche
relative Lage Merkur, Venus und Sonne zueinander einnehmen,
lehrte man an der Akademie, daß sich Merkur und Venus über der
Sonne befinden, und zwar vermutlich deshalb, weil niemals ihr Vor-
übergang vor der Sonne gesehen worden war. Später erklärte Ptole-

maios, das Fehlen beobachtbarer Merkur- und Venusdurchgänge sei
kein Hindernis, diese beiden Planeten unterhalb der Sonne anzuordnen, weil dergleichen unsichtbar wäre. Auch bliebe so der große
Raum zwischen Mond und Sonne nicht „leer" und „ungenutzt", und
zugleich sei diese Anordnung – die „Mittellage" der Sonne zwischen
Mond, Merkur, Venus einerseits und Mars, Jupiter, Saturn andererseits – „natürlicher". Diese Diskussion wurde erst durch Copernicus
abgeschlossen, nach dessen Auffassung das fragliche Ordnungsprinzip nur richtig als Beziehung zwischen den Umlaufzeiten der Planeten und ihren Entfernungen von der *Sonne* begriffen werden kann.
Daß sich die Erde in einem Jahr um die Sonne bewegt (und nicht
umgekehrt), ließ er sogar als zwingendes Resultat des Gesetzes der
Reihenfolge erscheinen; die „ratio ordinis" lehre die Bewegung der
Erde, betonte Copernicus, denn das Ordnungsprinzip sei ja nur
dann für alle Planeten anwendbar, wenn man die Sonne als das zentrale Gestirn und die Erde als Planeten betrachte. Man kann also
den Beitrag des Copernicus als erfolgreichen Versuch interpretieren,
die bis dahin nicht mit Sicherheit entschiedene Frage nach der Pla-
netenreihenfolge aufgrund eines anerkannten Prinzips endgültig zu
klären. Dessen Richtigkeit wiederum war durch die Annahme der
Erdbewegung verifizierbar, denn nun ließen sich die scheinbaren
Schleifenbewegungen als parallaktischer Effekt verstehen, und es
gelang ihm auch, die Größen der Planetenbahnen in Erdbahnradien
zu berechnen. Dieses Resultat hielt Copernicus für so schwerwie-
gend, daß er auf die Realität der Erdbewegung schloß; er war von
ihr ebenso überzeugt wie von der Berechtigung der platonischen Forderung, die harmonische Strukturiertheit der Welt – den festen Zusammenhang von Bahngröße und Umlaufzeit – nachzuweisen. Un-
denkbar für ihn, daß der göttliche Demiurg irgend etwas im Kosmos gesetzlos oder unbestimmt und damit unentscheidbar gelassen
hätte! Das 3. Keplersche Gesetz gab dann dem antiken Ordnungsprinzip die brillante mathematische Form.
Nach diesem Ausblick ist davon zu reden, welche Beobachtungs-
befunde im Verständnis des Aristoteles die Kugelgestalt der Erde
und ihre Ruhelage in der Mitte geradezu evident machen. Gegen
Platon, der die Rotation der Erde gelehrt habe – so deutete er eine
Stelle im „Timaios" – und gegen jene Pythagoreer, welche die tägliche Bewegung der Erde um ein Zentralfeuer annahmen, das wegen
der gebundenen Rotation der Erde nicht sichtbar sei, führte er als

Hauptgrund an, daß die Bewegung eines schweren Körpers augenscheinlich von endlicher Dauer ist, dann aber auch die der Erde. Es fehle aber jeder Hinweis darauf, daß die Weltordnung nicht ewig sei. Ferner müßten sich bei einer Bewegung der Erde durch den Raum die Fixsterne gegeneinander verschieben. Weiterhin kehre ein senkrecht nach oben geworfener Körper zum selben Punkt zurück, und auch die Tatsache der stets zur Erdoberfläche orthogonal verlaufenden Fallbewegung lasse auf die Ruhelage der Erde in der Mitte schließen. Und dort verweile sie, da sich kein Teil der Erde, es sei denn durch Gewalt, von der Mitte fortbewegen kann, also auch nicht das Ganze. Und das stimme auch mit dem überein, was die Mathematiker über Sternkunde lehren: die Erscheinungen ergeben sich nur dann, wenn die Erde im Mittelpunkt steht.[42]

Die Begründungsversuche der alten Naturphilosophen hielt Aristoteles zu Recht für unzureichend. Nach Thales ruht die Erde, weil sie auf dem Wasser schwimme wie ein Stück Holz. Wovon aber wird das Wasser getragen? Anaximenes, Anaxagoras und Demokrit machten die Breite der Erde dafür verantwortlich, daß sie ruht; sie könnte deshalb die unter ihr befindliche Luft nicht zerschneiden. Bemerkenswerter war der Gedanke Anaximanders, der von einem gewissen Gleichgewicht der Erde gesprochen hatte, weil für einen Körper, der sich in der Mitte befindet und zu allen Teilen des Randes gleich verhält, kein zureichender Grund besteht, sich irgendwohin zu bewegen. Dies sei zwar sehr geistreich, meinte Aristoteles, aber ebenfalls nicht wahr. Bessere Argumente als er selbst wußte dann auch niemand mehr für die Ruhelage der Erde vorzubringen.

Die kugelförmige Gestalt der Erde ergibt sich nach Aristoteles notwendig aus der Schwerebewegung ihrer Teile. Es liege in der Natur alles Schweren, zur Mitte zu eilen, wobei weniger Schweres vom Schwereren verdrängt wird. Weil alles in kugelsymmetrischen Bahnen falle, sei die Erde eine Kugel oder besäße doch das Wesen einer Kugel; wäre die Erde weich, hätte sie die ideale Form. Außerdem könne man von der bei Mondfinsternissen beobachtbaren runden Form des Erdschattens auf die Kugelgestalt schließen. Ferner läßt sich aus Sternbeobachtungen ihre Gestalt und Größe gewinnen. Geht man nur wenig nach Norden oder Süden, verändere sich der Horizont bereits deutlich; manche in Ägypten oder Cypern sichtbare Sterne seien in den nördlichen Ländern nicht zu sehen, und Sterne, die man dort das ganze Jahr hindurch beobachten kann, die Zirkumpolarsterne, sind in südlicheren Gegenden nicht zirkumpolar. Die Erde sei also relativ klein, denn sonst würde sich das Himmelsbild beim Wechsel des Beobachtungsortes nicht so schnell verändern.

Wer also meint, die Gegend um die Säulen des Herakles und die um Indien berührten sich, und auf diese Weise gebe es nur ein einziges Meer, vertritt keine so unglaubhafte Ansicht. Man beruft sich dabei auch auf die Elefanten, weil ihre Gattung in beiden Randgebieten zu Hause ist, offenbar infolge ihrer Berührung miteinander. Und Mathematiker, die die Länge des Umfangs auszurechnen versuchen, geben diese mit 400 000 Stadien an. Daraus ist zu schließen, daß die Masse der Erde nicht nur kugelförmig ist, sondern auch nicht groß im Vergleich mit der Größe zu andern Gestirnen.[43]

Dieser Bericht ist in mehrfacher Hinsicht interessant. Demnach gab es Vertreter der Ansicht, die Westküste Afrikas sei von der Ostküste Indiens nicht sehr weit entfernt, und es gebe zwischen beiden Gebieten möglicherweise eine Landbrücke. Aristoteles hielt dies zwar nicht für unglaubhaft (wegen der Elefanten), konstatierte jedoch:

Andererseits ist jenseits Indiens bzw. der Säulen des Herakles der Zusammenhang, der die ganze Oikumene geschlossen sein ließe, des Meeres wegen nicht vorhanden.[44]

Die Länge der Oikumene betrage $5/3$ der Breite, daher sei die Praxis, kreisrunde Landkarten zu zeichnen, einfach lachhaft, aber sie reiche auch nicht um die ganze Erdkugel herum.
Offenbar wurde der Erdumfang durch Messung der Polhöhe auf unterschiedlichen geographischen Breiten abgeschätzt. Man kann also die berühmte Berechnung des Eratosthenes, derzufolge der Erdumfang 252 000 Stadien beträgt, als Verfeinerung älterer Methoden ansehen. Dieser recht genaue Wert (etwa 45 000 km) wurde später von Hipparch korrigiert, Poseidonios schließlich bestimmte den Erdumfang zu 180 000 Stadien, und Ptolemaios schloß sich dem an. Die Idee des Kolumbus, Indien im Westen zu suchen, gründete sich nach seiner eigenen Angabe u. a. auf die „Autorität der Schriftsteller" Aristoteles dürfte zu den wichtigen Quellen dieser Schriftsteller gehört haben. .
Die Bemerkung, die Erde sei nicht groß im Vergleich mit anderen Gestirnen, fällt bei Aristoteles öfter. „Die Sonne scheint einen Fuß breit zu sein, aber man ist überzeugt, daß sie größer als die Erde

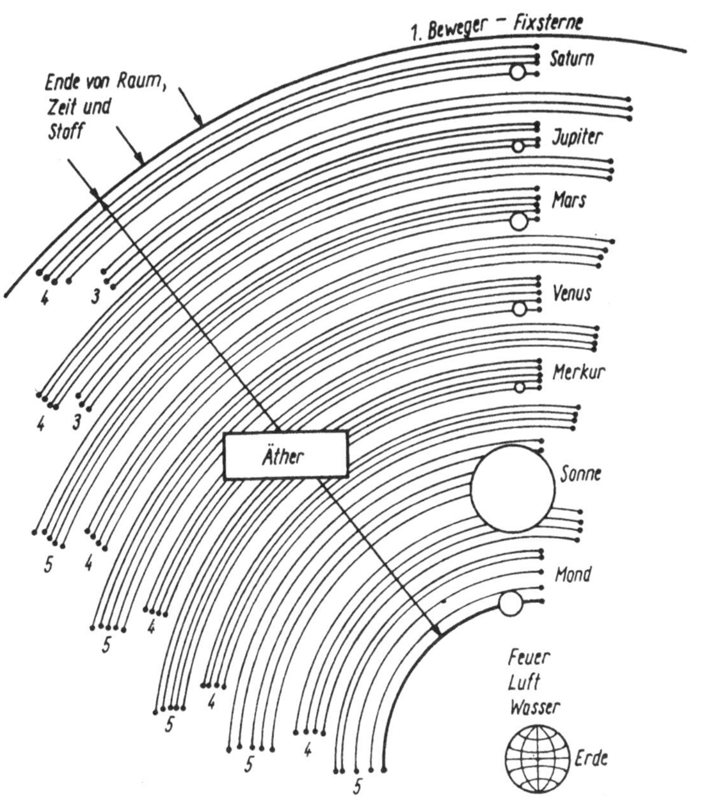

12 Der sphärische Aufbau der Welt

ist."[45] – Der Erdkörper sei sozusagen ein bares Nichts im Vergleich mit dem umgebenden All.[46]

Wie sich jetzt aus den astronomischen Forschungen ergibt, übertrifft die Größe der Sonne die der Erde und ist der Abstand der Fixsterne von der Erde vielfach größer als der der Sonne, so wie die Sonne von der Erde weiter entfernt ist als der Mond: dann kann aber die Spitze des von den Sonnenstrahlen gebildeten Kegels wohl kaum weit von der Erde entfernt sein und der Erdschatten – den wir Nacht nennen – nicht bis zu den Sternen reichen.[47]

Mit diesem Argument wandte sich Aristoteles gegen die Lehre des Anaxagoras, Demokrits und ihrer Schüler, die Milchstraße sei das

Licht gewisser Sterne, denn die Sonne beleuchte, wenn sie unterhalb
der Erde steht, einige Sterne nicht, und deren Eigenlicht sei die
Milchstraße. Wäre dies richtig, müßte sich mit dem Fortrücken der
Sonne unterhalb der Erde auch die Milchstraße relativ zu den Fix-
sternen verschieben, wovon aber nichts zu bemerken sei. Weil de
Erdschatten nicht bis zu den Sternen reicht, sei das Gegenteil jene
Lehre richtig: die Sonne scheine auf alle Sterne, und die Erd
schirmt keinen vor der Sonne ab. Noch Kepler hat die Ansicht ver
treten, daß die Fixsterne das Sonnenlicht reflektieren, und gegen die
Vermutung Giordano Brunos polemisiert, die Sterne jenseits des
Saturn seien Sonnen.

Die bis Copernicus nicht in Frage gestellte Bestimmung der Größen-
verhältnisse von Sonne, Mond und Erde durch Aristarch von Samos
war zweifellos eine Spitzenleistung. Aber bereits Eudoxos hatte sich
um derartige Größenabschätzungen bemüht. Sein Ergebnis, das bei
Archimedes überliefert ist, lautet: die Durchmesser von Sonne und
Mond verhalten sich wie 9 : 1, woraus das Verhältnis von etwa 3 : 1
für Sonne und Erde folgt. Daß diese kleiner als die Sonne und überhaupt relativ klein sei, entsprach offenbar dem allgemeinen Dafür-
halten an der Akademie, das auch in der platonischen Schrift „An-
hang zu den Gesetzen" anklingt, wo gefolgert wird, die Himmelskörper könnten also wegen ihrer gewaltigen Größe nur von Göttern
bewegt werden.

Frühe Einwände

Trotz vieler Vorzüge und treffender Einsichten war die Kosmologie
des Aristoteles im ganzen doch eine recht willkürliche und extra-
vagante Konstruktion. Das haben wohl schon Theophrast und dessen Nachfolger in der Leitung des Peripatos, Straton, so empfunden.
Theophrast lehnte die Abgrenzung des Himmels vom irdischen Bereich ab, bestritt die Existenz des Äthers und hielt für unglaubhaft,
daß sich der äußerste Himmel an keinem Ort befinde und damit die
Welt vom absoluten Nichts umgeben sei. Straton war von dem Vorhandensein eines feinverteilten Vakuums in den Körpern überzeugt
und deshalb wohl auch von der Partikelstruktur der Materie. Außerdem stand er der Lehre von den natürlichen Orten und Bewegungen
zumindest skeptisch gegenüber. Soviel man heute noch weiß, war

Stratons Physik, die dem Experiment einen hohen Stellenwert ein-
räumte, sowohl vom aristotelischen als auch vom atomistischen Denken geprägt. Die neuerdings behaupteten guten Beziehungen Epikurs zur aristotelischen Schule sind daher nicht abwegig.

Namentlich die Astronomen hatten Gründe zur Kritik an Aristoteles, dessen kosmologische Konzeption der astronomischen Entwicklung, die wesentlich in der zunehmenden Berücksichtigung weiterer „Anomalien" bestand, nur wenig Spielraum ließ. Die von
Apollonios, Hipparch und Ptolemaios entwickelten Modelle ließen
das des Eudoxos allenfalls als einen ersten Zugang zur mathematischen Darstellung der Planetenbewegung erscheinen. Für Ptolemaios war Eudoxos, der wichtigste Gewährsmann des Aristoteles
in astronomischen Fragen, bereits derart veraltet, daß er ihn mit
keinem Wort mehr erwähnte. Denn diese Astronomen konstatierten
die Variabilität der Entfernungen von Sonne, Mond und Planeten,.
die somit eine Bewegungskomponente auch zur Mitte hin und von
ihr weg besitzen. Bei Naturphilosophen, die wie Sosigenes, „der
Peripatetiker", im echt aristotelischen Geiste den astronomischen
Neuerungen aufgeschlossen gegenüber standen, bildete sich der
Standpunkt heraus, man müsse die Bewegung um die Mitte allgemeiner fassen als Aristoteles. Durch die Interpretation der Erscheinungen mittels Epizykel und Exzenter war der alte Begriff der
Mitte unhaltbar geworden und das wichtigste kosmologische Axiom
des Aristoteles, es existierte nur ein einziges Zentrum der Kreisbewegung, verworfen. Es gibt also *nicht nur einen* Mittelpunkt für alle
Himmelskreise oder Sphären", betonte dann auch Copernicus; es ist
sein „Erster Satz" gegen die aristotelische Kosmologie. In den „Pla-
netenhypothesen" des Ptolemaios blieben von den Kugelschalen nur
noch Ringe übrig, sozusagen aus ökonomischen Gründen, auch das
Erste Bewegende und die rückrollenden Sphären fielen weg, da sich
seiner Meinung nach die Planeten aus eigener Kraft und quasi nach
Art der Vögel bewegten.

Man versuchte ferner, die Zweifel gegen die These der absoluten
Unwandelbarkeit des Himmels empirisch zu stützen. Die Einführung eines besonderen Himmelselements hatte Aristoteles ja so motiviert:

Denn in der ganzen Vergangenheit und nach aller Überlieferung ist offenbar
keinerlei Veränderung eingetreten, weder im Ganzen des äußeren Himmels
noch in seinen besonderen Bildern.[48]

Eine der großartigsten Leistungen Hipparchs ist die Anfertigung eines Katalogs der Koordinaten und Größen der Fixsterne, damit die späteren Astronomen eventuelle Veränderungen am Himmel feststellen könnten. Nach Plinius war das Erscheinen einer Nova der Anlaß zu diesem gewaltigen Projekt gewesen. Naturphilosophisch scheint Hipparch der Stoa nahgestanden zu haben, wo wieder die Prozessualität des Alls gelehrt wurde. Die Stoiker verwendeten zwar noch das Wort „Äther", jedoch in seiner tatsächlichen Bedeutung: „aither" kommt nicht von „immerfort laufen", wie Aristoteles seiner Theorie zuliebe abgeleitet hatte, sondern von „feurig". Mit diesem Ätherbegriff wurde, wie etwa bereits bei Anaxagoras, die prinzipielle Wandlungsfähigkeit der kosmischen Objekte ausgedrückt.

Hipparch und Ptolemaios waren also, obwohl ebenfalls Geozentriker, weit über Aristoteles hinausgekommen, aber von dessen Argumentation für die Unbeweglichkeit der Erde auch nicht gerade überzeugt. Die Frage, ob sich die Erde bewegt oder in der Mitte ruht, war für sie *astronomisch* entschieden und bedurfte keiner weiteren Beweise. Von Aristarch, dem antiken Copernicus, übernahmen sie nur das auch für sie Interessante.

Aristarch lehrte die Rotation und die Bewegung der Erde um die Sonne und wird also die Schwächen in der aristotelischen Beweisführung klar gesehen haben. Auf jeden Fall bestritt er die Behauptung, daß sich die Erscheinungen nur dann ergeben, wenn die Erde in der Mitte steht. Unterstellt man aber eine solche Größe des Fixsternhimmels, mit der verglichen der Erdbahnkreis und nicht nur die Erde verschwindend klein wird, dann sprechen die Erscheinungen nicht gegen die Erdbewegung. Das bezeugt uns Archimedes, und der von Aristarchs Herausforderung beeindruckte Mittelplatoniker Plutarch teilt zusätzlich mit, Platon selbst habe in seinen späteren Jahren bedauert, nicht der Sonne die Mitte eingeräumt zu haben. Gerade in der aristotelischen Schule, der auch Aristarch offenbar angehörte, als Straton ihr Leiter war, scheinen die gravierendsten Einwände gegen die Kosmologie des Aristoteles erhoben worden zu sein. Denn anders als etwa in der Schule Epikurs gab es hier keine Autoritätsgläubigkeit, wo das Vorbild ihres Begründers weiterwirkte.

Die zunächst unscheinbare These der Stoiker, der endliche, kontinuierlich mit Stoff erfüllte Kosmos sei in einem unendlichen Leeren

eingebettet, genügte bereits zur Formulierung eines antiaristoteli-
schen Schwerebegriffs, mit dessen Hilfe die Erdbewegung als natürliche Bewegung von unbegrenzter Dauer verständlich gemacht
werden konnte. Wie dies möglich ist, zeigt Plutarch in der Schrift
„Das Mondgesicht", die von Kepler zur Lektüre im Unterricht
empfohlen wurde. Plutarch wollte die prinzipielle Bewohnbarkeit
des Mondes nachweisen, und um die Möglichkeit der Existenz eines
erdähnlichen schweren Körpers oberhalb der Erde sichern zu können, stellte er u. a. eine Art Kohäsionstheorie auf, nach der lediglich die zur Erde gehörigen Teile zur Erde streben, während die
Teile des Mondes nur zum Mond und die der Sonne nur zur Sonne
zurückfallen, falls man sie von dort entfernte. Die Abwärtsbewegung der fallenden Körper sei nämlich kein Beweis für die Mittellage der Erde im Kosmos, sondern für die Gemeinsamkeit und die
natürliche Verbundenheit der von ihr getrennten und dann wieder
herabfallenden Körper. Plutarch ging dabei von der stoischen Vorstellung aus, daß der Kosmos eine Zusammenhangskraft besitzen
müsse, weil er andernfalls im unendlichen Leeren auseinander
fließen würde. Und er nahm darüber hinaus von jedem Gestirn an,
es halte nach Art eines Wassertropfens zusammen. Etwas Körper-
loses, wie der aristotelische Weltmittelpunkt, könne nach vernünf-
tiger Überlegung – und auch nach stoischer Lehre – nicht die Kraft
haben, alles an sich zu ziehen und zusammenzuhalten.
Der Schwerebegriff des Copernicus schließt unmittelbar an die „Kohäsionstheorie" an:

Ich jedenfalls bin der Ansicht, daß die Schwere nichts anderes als ein gewisses
natürliches Streben der Teile ist, das ihnen von der göttlichen Vorsehung des
Verfertigers des Alls eingepflanzt ist, damit sie sich in Form einer Kugel zu
einer Einheit und Ganzheit zusammenschließen. Es ist anzunehmen, daß dieses
Streben auch der Sonne, dem Mond und den übrigen Planeten innewohnt, so
daß sie durch diese Wirkung in der runden Gestalt, in der sie erscheinen, verharren; sie vollenden nichtsdestoweniger in vielfacher Weise ihre Kreisläufe.

Die Tragweite der Annahme eines unendlichen Leeren außerhalb
des Kosmos liegt also auf der Hand. Nach Aristoteles strebt ja alles
Schwere nur mittelbar zur Erde, insofern sie sich nämlich in der
Mitte des Alls befindet.

Denn wenn man die Erde dahin brächte, wo jetzt der Mond steht, dann wird
nicht mehr jeder Teil von ihr auf sie herabfallen, sondern dahin, wohin es auch
jetzt fällt.[49]

Gilt aber das All als unendlich, dann ist die Annahme eines physikalisch ausgezeichneten Raumpunktes logisch unsinnig, worüber sich Aristoteles völlig klar gewesen war, als er die Existenz des leeren Raumes auch außerhalb des Kosmos ausschloß. Die im Rahmen der stoischen Physik vorgenommenen Modifikationen, mit denen Aristoteles nie einverstanden gewesen wäre, weil er die „unangenehmen Konsequenzen des Unendlichen" scheute, waren zwar nicht gegen den Geozentrismus gemünzt, machten aber die *Möglichkeit* der Erdbewegung beweisbar.

Die entscheidenden Einwände, die zum endgültigen Zusammenbruch der aristotelischen Kosmologie hätten führen können, wurden also bereits in der Antike vorgetragen. Das spricht für die intellektuellen Fähigkeiten der Griechen, die ja viele, dem Aristoteles ebenbürtige Denker hervorgebracht haben. Wenn es trotz Aristarch und trotz mancher originellen Idee beim geozentrischen Weltbild blieb, so stützt das aber auch die Annahme, daß die wissenschaftliche Entwicklung insgesamt bestimmte gesellschaftlich bedingte Grenzen nicht zu überschreiten vermag. Welche Erkenntnisse sich durchsetzen und welche Rolle die Wissenschaft in der Gesellschaft spielt, entzieht sich dem Wünschen und Wollen des einzelnen Gelehrten. Dennoch dienten Aristoteles oder Ptolemaios auch noch als „Klassiker" dem philosophisch-weltanschaulichen und wissenschaftlichen Fortschritt. Wer z. B. der These von der Ewigkeit der Welt Nachdruck verlieh, riskierte mitunter schon viel. Und wer die den gebildeten Griechen und ihren geistigen Erben selbstverständlich gewordene Tatsache vertrat, daß die Erde kugelförmig und prinzipiell auf ihrer ganzen Oberfläche bewohnbar sei, wurde von christlichen Autoren wie Laktanz lächerlich gemacht, der jedoch – von Copernicus als berühmter Schriftsteller, aber schwacher Mathematiker bezeichnet – zu den harmloseren Opponenten des wissenschaftlichen Fortschritts gehört haben dürfte. Kirchenvater Augustin war schon aufgeschlossener und leugnete nur die Antipoden, während er die Kugelgestalt zugab. Bedeutete also zeitweise bereits das Berufen auf Aristoteles Verfolgung und den Vorwurf des Atheismus in Kauf zu nehmen, verwundert die fehlende Resonanz solcher Männer wie Aristarch kaum noch.

Die sublunaren Phänomene und die Lebewesen

Als Tycho Brahe in seinem stark beachteten Bericht über die Supernova von 1573 bewies, daß es sich um einen Fixstern handle, war die philosophische Frage, ob Werden und Vergehen am Himmel möglich sei, mittels Messung und Berechnung entschieden. Nicht weniger Aufsehen erregte in der Fachwelt die Streitschrift „De cometa anni 1577", der bald weitere Arbeiten über Kometen folgten. Es stand nun fest: Die Kometen bewegen sich außerhalb der Mondbahn und sind also keine atmosphärischen Erscheinungen. In berechtigtem Stolz schrieb der bereits berühmte junge Brahe:

Darumben ist die mainung Aristottelis ganntz falsch, das er für gibt, die Cometten werden von der erden in die luft aufgezogen, unnd das si nicht im himel konden genneriert werden ... Darumb sollen die philosophi nicht so unnützlich streitten von den sachen, die si nit zuermessen wissen, sonndern vil mehr unnsre *ignorantia modeste* bekennen unnd sagen, das die Cometten seien ein sonnderlich geschepff gottes, das auß verborgenen ursachen der nattur kombt, welches unns unbekannt ist, wie es geboren wirt.

Lobend erwähnte er Anaxagoras und Demokrit, verwies auf die „Paracelsisten" mit ihrer 4-Elementen-Lehre und ließ kaum ein Argument der Alten gegen Aristoteles unausgesprochen. Tatsächlich hatte Aristoteles in seiner „Meteorologie" nicht nur die Ursachen von Regen, Schnee, Hagel, Regenbogen, Gewitter, Wirbelwinden, Erdbeben usw. aufzudecken versucht, sondern auch Fragen behandelt, die in die Kompetenz der Astronomie fallen. Zu den Erscheinungen „in der Höhe" (meteora) zählte er auch die Kometen, weil sich in das Modell des Eudoxos nur streng periodische Vorgänge einpassen ließen.

Wie weit war Aristoteles eigentlich in seiner Scheidung der Welt in zwei verschiedene Seinsbereiche gegangen? Denn es wäre ein groteskes Mißverständnis, wollte man supra- und sublunare Welt als das Jenseits und Diesseits fassen. Natur ist der Himmel nicht weniger als die Erde mit ihrer Atmosphäre; Natur ist nach antiker Auffassung das sich dem menschlichen Zugriff Entziehende und nicht vom Menschen Erzeugte. Das religiöse Weltverständnis hat er nicht begünstigt, sondern bekanntlich mit seiner Lehre von der Unerschaffenheit und Unvergänglichkeit der Welt bekämpft. Sie ist jedoch von den Fixsternen bis zum Mond ein ideal ablaufendes, quasi-mechanisches Getriebe, das in den „weniger genau" ablaufenden Kreisprozessen des Sublunarischen seine Fortsetzung findet. Die Naturerscheinungen hat er zwar in den meisten Fällen falsch, aber stets streng rational erklärt. So sind für ihn die Kometen durch Reibung entzündete Ausdünstungen der Erde, die mit irgendwelchen göttlichen Eingriffen nichts zu tun haben. Es ginge dabei ähnlich zu, als stieße man in einen großen Spreuhaufen eine Fackel oder schleuderte einen kleinen Feuerfunken hinein.[50] Und über einen Meteoriten, der wegen seiner vermeintlichen, göttlich-himmlischen Herkunft verehrt wurde, gab er die Erklärung ab, daß es sich nur um einen Stein handle, der durch einen ungewöhnlich dauerhaften und starken Wind in die Höhe gehoben worden war.[51] Gleichsam als Entschuldigung für eventuelle Irrtümer im Urteil über solche Naturereignisse, die ja auch heute emotional zu wirken vermögen, verlautet:

Wenn es sich um Vorgänge handelt, die der Sinneswahrnehmung nicht offenliegen, glauben wir der Forderung einer vernunftgemäßen Erklärung genuggetan zu haben, wenn wir sie auf eine mögliche Ursache zurückführen.[52]

Und kein Phänomen am Himmel, in der Luft, auf der Erde oder im Meer schien ihm für eine gründliche Untersuchung zu gering. Die Astronomen könnten zwar wegen der „Exaktheit" ihrer Objekte eine größere Genauigkeit bei deren Widerspiegelung erreichen als die mit den Witterungserscheinungen oder den Lebewesen befaßten Forscher, aber das hieß für ihn nicht etwa, die Mathematiker oder Astronomen in ihrer *Wissenschaftlichkeit* zu überschätzen. Mit dieser bemerkenswerten Einstellung, daß also auch der kleinste Wurm von wissenschaftlichem Interesse sein kann, hängt zusammen, daß ihm die Biologie viel zu verdanken hat.
Aristoteles hat nicht nur ein umfangreiches anatomisches und physiologisches Sachwissen zusammengetragen, das er teils bei Jägern, Fischern, Hirten, Imkern, Köchen, Fleischern, Opferpriestern, Wundärzten und anderen Kennern der Materie vorfand, teils durch eigene Untersuchungen im Kreise seiner Schüler und Mitarbeiter gewann, sondern auch das empirische Material zu einem theoretisch konsistenten Ganzen verallgemeinert. Das Verhältnis von beschreibender und vergleichender Anatomie war ihm klar. Der Mensch sei „das uns bekannteste Tier", deshalb müsse man bei ihm den Anfang machen in der Untersuchung.[53] Der Mensch ist das Maß, mit dem die anderen Lebewesen zu vergleichen sind, wenn man sie verstehen

will, denn der Mensch sei dem Tier nur geistig überlegen. Die Pflanze habe das Obere unten, denn die Wurzeln hätten die Bedeutung des Maules und Kopfes, während sich der Same an der entgegengesetzten Seite befindet. Sie ist ein primitives Tier, das den Kopf in die Erde gesteckt hat und die Extremitäten und Fortpflanzungsorgane nach oben zeigt.[54] Wenn sich auch herausgestellt hat, daß Aristoteles vom Menschen weit weniger präzise anatomische Kenntnisse als von den Tieren besaß, ist doch sein Ansatz zum Verständnis der Lebewesen beachtlich. Die Zirkulation des Blutes ist ihm entgangen. Das ist aber bei seinem sonstigen Sinn für Kreisläufe beinahe verwunderlich. Weil alle Adern im Herzen ihren Ursprung hätten, nahm er eine ständige Neubildung des Blutes an.[55] Wie man sich dies vorzustellen hat, bleibt leider unklar.

Vor allem aber erstaunt die Vielzahl der von ihm mitgeteilten Fakten und die Gründlichkeit, mit der er Fragen von untergeordneter Bedeutung beantwortete. So führte er über die besondere Anordnung der Milchdrüsen beim Elefanten aus:

Der Grund davon, daß es zwei sind, ist, daß er nur ein Junges wirft, der Grund davon, daß sie nicht zwischen den Hinterschenkeln sitzen, ist, daß er ein Tier mit vielgespaltenen Füßen ist (denn keins mit vielgespaltenen Füßen hat sie zwischen den Hinterschenkeln), sie befinden sich aber vorn an den Achselbeugen, weil dies die ersten von den Zitzen sind bei denen, die viele Zitzen haben, und weil sie am meisten Milch anziehen. Bewiesen wird dies durch das Verhältnis bei den Schweinen; denn den zuerst gebornen Ferkeln reichen sie die vordersten Zitzen; dasjenige Tier nun, bei welchem das Erstgeborene das einzige bleibt, muß die vordersten Zitzen haben, die vordersten sind aber die unter den Achselbeugen. Der Elefant hat aus diesem Grunde zwei, und zwar an dem besagten Orte, die Mehrgebärenden aber am Bauche. Der Grund davon ist, daß diejenigen mehr Brüste bedürfen, welche mehrere Junge ernähren müssen; da es nun nicht möglich ist, mehrere in der Breite stehend zu haben, sondern nur zwei, wegen der Zweiheit des Links und Rechts, so müssen sie dieselben notwendig der Länge nach geordnet haben; der zwischen den Vorder- und Hinterbeinen befindliche Raum geht nur in die Länge. Diejenigen, welche nicht vielgespaltene Füße haben, und weniggebärend sind oder hörnertragend, haben zwischen den Hinterschenkeln die Zitzen, wie das Pferd, der Esel, das Kamel (denn diese werfen ein Junges und sind teils einhufig, teils zweihufig), ferner der Hirsch, das Rind und die Ziege und alle andere derartigen.[56]

Es gab für ihn kein unerklärliches Phänomen, keine „verborgenen Ursachen". Die modernen Naturwissenschaftler neigen in ihren Begründungen gewöhnlich zu größerer Vorsicht und bekennen ge-

legentlich lieber, wie Tycho, ihre „Unwissenheit bescheiden". Aristoteles scheint immer befürchtet zu haben, daß das Fehlen einer rationalen Erklärung zu unwissenschaftlichen Ausdeutungen heraus-
fordert, aber er hat eben auch Abschließendes bieten wollen.

Zur Wirkungsgeschichte

Nach dem Tode des Aristoteles ging die Leitung der Schule in die
Hände seines Freundes Theophrast über, der ebenfalls auf nahezu
allen Wissensgebieten tätig war. Zugleich hat er wie viele andere
Schüler und Anhänger des Peripatos im Geiste des Gründers wissen-
schaftsgeschichtliche Forschung betrieben, deren Ergebnisse – meist
nur in Auszügen und Fragmenten bei späteren Autoren erhalten –
die wichtigste Quelle unserer Kenntnis der frühgriechischen Denker
darstellen. Aber auch in der Weiterentwicklung der philosophischen
und naturwissenschaftlichen Lehren leisteten die beiden folgenden
Generationen noch Erhebliches und machen damit einmal mehr
deutlich, daß sie sich nicht zur Wiederholung aristotelischer Weis-
heiten, sondern zur Gewinnung der Wahrheit verpflichtet fühlten.
Und in dieser Hinsicht war nicht wenig zu verbessern, wie auf den
vorstehenden Seiten deutlich geworden ist; denn auch Aristoteles
besaß die menschliche Eigenschaft sich zu irren, und mancher Irrtum
hat jahrhundertelang hartnäckig dem besseren Wissen die Bahn
verbaut. Dahin gehört die Besonderheit seiner teleologischen Theorie, die in dem Glauben oder Aberglauben einer auf den Menschen
orientierten Zweckbestimmtheit der Dinge wurzelte, denn um
seinetwillen seien alle Tiere wie für diese alle Pflanzen da. Auch sein
axiologisches Denken zählt dazu, das allem einen guten oder bösen
bzw. vollkommenen oder unvollkommenen Aspekt aufprägt, so daß
der Sklave eben als minderwertiger Mensch, die Frau als minderwertiger Mann usw. erscheint. Und in manchen Fällen hat er entgegen seiner eigenen Forderung nach dem Vorrecht der Fakten in der
Forschung gerade die Fakten selbst spekulativ aus seinen philosophischen Vorurteilen erschlossen. Ein amüsantes Beispiel dafür, wie
eine vorgefaßte Meinung den Sinnen einen Streich spielen kann, ist
seine Behauptung, die Zahl der Zähne sei beim Manne größer als
bei der Frau.
Daß es aber im Rahmen des Peripatos selbst möglich war, die Lei-
stungsfähigkeit der aristotelischen Lehren für die Widerspiegelung
der Wirklichkeit eben durch Korrektur ihrer verfehlten Konzeptio-

91

nen und durch Verwendung materialistischer Alternativen zu erhöhen, davon gibt uns Theophrasts Nachfolger Straton von Lampsakos, der die Schule bis 270 v. u. Z. leitete, einen glänzenden Begriff. Er hat offenbar auch unter Einbeziehung des Experiments empirische Forschung betrieben und die eigenwilligen Konstruktionen der aristotelischen Kosmologie wie den göttlichen Beweger und die materielle und naturgesetzliche Verschiedenheit der sub- und supralunaren Welt durch den Einbau von Elementen aus der deterministischen Atomistik Demokrits zu beseitigen versucht. Nimmt man das Wenige, was überliefert ist, zusammen, so entsteht der Eindruck, daß hier ein theoretisch und methodisch in die Richtung der modernen Naturwissenschaft weisender Ansatz vorliegt, der, hätte man ihn weiterverfolgen können, uns vielleicht eine 1800jährige Pause in der Wissenschaftsentwicklung erspart hätte.

Doch die Verhältnisse waren nicht so, und dem unzeitgemäßen Anliegen des Straton blieb die Fortsetzung versagt. Denn nun verlangte man nach einer Philosophie der Lebensweisheit, die praktische Verhaltensrezepte und Trostmittel für schwierige Lebens- und Grenzsituationen in einer von sozialer Misere und Ausweglosigkeit geprägten Zeit bereithielt, und zeigte weniger Interesse an wissenschaftlicher Welterkenntnis. Auf diese gesellschaftliche Herausforderung hatten ja auch Epikur und Zenon (Stoa) mit ihren Schulgründungen am Ausgang des 4.Jh. v. u. Z. geantwortet, die freilich für die eigenen Systeme ausgiebig Anleihen bei Aristoteles machten. Die fachwissenschaftliche Forschung fand jedoch in Alexandria durch die Ptolemäer fruchtbare Förderung. Neben der Astronomie erlebten Medizin und Mechanik einen Aufschwung. Das geschah wohl nicht ohne Zutun Stratons, dessen Anregungen in die Arbeiten der alexandrinischen Gelehrten eingingen, bei denen jedoch das technische Denken vor der philosophischen Spekulation deutlich dominierte. Sarkastisch bemerkte der berühmte Heron, selbst ein winziger Teil der Mechanik wie der Geschützbau trage mehr zum Frieden und zur Seelenruhe bei als alles Gerede der Philosophen darüber.

Wie sehr aber sonst die praktisch-moralischen Anliegen überwogen, wird daran deutlich, daß die peripatetische Philosophie seit etwa 270 v. u. Z. keine besonderen Leistungen mehr aufzuweisen hat und daß die logischen, ontologischen und naturwissenschaftlichen Schriften des Aristoteles nahezu vergessen wurden. Spätere Autoren haben

dann in Unkenntnis der sozialen und geistigen Hintergründe die fehlende Resonanz des aristotelischen Werkes mit einer hübschen, aber wohl wenig wahren Geschichte motiviert. Danach sind die 106 Papyrusrollen seiner Lehrschriften nach dem Tode des Theophrast im Jahre 288 v. u. Z. an den Peripatetiker Neleus übergegangen. Als dann die Ptolemäer in Alexandria ebenso wie die Könige von Pergamon den für die Herrschaftsideologie recht nützlichen Ruhm und Ruf eines Beschützers von Kunst und Wissenschaft durch Anlage großer Bibliotheken zu vermehren suchten, scheinen ihre Bücher-Häscher auch zu Mitteln gegriffen zu haben, die Epiktets Handbüchlein der Moral kaum gut geheißen hätte. Jedenfalls sollen deshalb Neleus' Erben ihren Schatz in einem Keller versteckt haben, wo ihn erst viel später ein gewisser Apellikon auf seiner nostalgischen Jagd nach bibliophilen Kostbarkeiten entdeckte und nach Athen brachte. Dort griff das Schicksal in Gestalt der römischen Legionen ein, die unter ihrem Feldherrn Sulla im Jahre 86 v. u. Z. die Stadt eroberten und mit dem durch die Praxis geheiligten Unrecht des Siegers vieles, was nicht niet- und nagelfest war, als Beute nach Rom brachten. Dazu gehörten auch die Aristoteles-Manuskripte. Hier – und damit betreten wir wieder den Boden gesicherter Tatsachen – hat sie dann gegen 30 v. u. Z. der Peripatetiker und Philologe Andronikos von Rhodos gefunden, veröffentlicht und so eine Aristoteles-Renaissance eingeleitet, die durch Festigung der politischen Verhältnisse unter der römischen Oberherrschaft begünstigt wurde. Andronikos ging wohl mit der zeitbedingten Voraussetzung an die Arbeit, Aristoteles habe ein kohärentes und abgeschlossenes Lehrgebäude hinterlassen, dessen Systematik er in der Schriftenanordnung abbilden wollte. So hat er auch verschiedene kleinere Studien meist ontologisch-erkenntnistheoretischen Inhalts zusammengefaßt und nach ihrer Stellung in der Gesamtausgabe als „Schriften nach der Physikvorlesung" (tà metà tà physiká) bezeichnet. Allmählich ist dann aus dem bloß editorischen Terminus die Bezeichnung für die Lehre von dem hinter der physikalischen Erscheinungsvielfalt liegenden unveränderlichen Sein geworden. Bei Andronikos beginnt eigentlich schon die Verwandlung des Problemdenkers und Dialektikers Aristoteles in einen Systemdenker und Metaphysiker.
Dennoch hat Andronikos das Verdienst, durch seine Edition und Exegese der Lehrschriften die nun folgende jahrhundertelange Traditionskette der Aristoteles-Kommentierung möglich gemacht und

angeregt zu haben. Dabei hat der Stagirit seine späten Interpreten zu durchaus noch eigenständigen Leistungen stimuliert. Das gilt von Alexander von Aphrodisias, der die Lehre in materialistisch-nominalistischem Sinne entwickelte, ebenso wie von Simplikios oder Johannes Philoponos. In dieser Spätzeit zeigen die Schulen aber häufig eine erstaunliche Offenheit gegenüber den ehemals befehdeten Systemen. Auch bei den Aristoteles-Kommentatoren ist Platonisch-Neuplatonisches, Stoisches und Aristotelisches oft miteinander verschmolzen, und Simplikios betont nachdrücklich, Platon und Aristoteles stimmten in der Sache völlig überein. Gleiches gilt auch weitgehend für die Fachwissenschaftler, die dann jede oder eine spezielle Schulorientierung mehr und mehr vermissen lassen. Auch die großen Naturforscher Ptolemaios und Galen, die in der geistigen Nachfolge des Aristoteles standen, haben kein komplettes peripatetisches Profil, sondern beweisen eine große Freiheit in der Adaption platonischer und stoischer Lehren.

Auf die mit dem Ableben der antiken Sklavereigesellschaft einsetzende Barbarisierung der Bildung im weströmischen Reich folgte das vorwiegend auf die himmlischen Dinge gerichtete ideologische Interesse des Feudalismus. Kein Wunder, daß in der 2. Hälfte des 1. Jahrtausends auch eine Flaute im philosophischen Fortschritt vorherrschte. Während in den Bibliotheken des byzantinischen Ostens die Aristoteles-Handschriften wenige Benutzer fanden, kannte man im lateinischen Westeuropa, wo die Kenntnis des Griechischen ohnehin ausgestorben war, überhaupt nur einen Teil der logischen Schriften und Bruchstücke seiner ontologischen und naturwissenschaftlichen Lehren durch die immerhin verdienstvolle Übersetzer- und Kommentatorentätigkeit des Boethius. Solch weltliches Wissen war zusammen mit den „Sieben freien Künsten" durch Cassiodor zum Gegenstand des geistigen Lebens in den Klöstern gemacht und damit aufbewahrt worden für bessere Zeiten, um dann, wenn neue Verhältnisse wieder eine dialektische Dynamik in die Wissenschaftsentwicklung bringen würden, seine katalysatorische Wirkung tun zu können.

Die geistigen Interessen wurden wieder reger, als sich im Gefolge der Kreuzzüge der Handel belebte und sich erste Ansätze eines Städtebürgertums herausbildeten. Ein neues Verlangen nach weltlichem Wissen machte sich an den Klosterschulen von Oxford, Chartres und auch von Paris breit, wo die Kathedrallehrstätte von

Notre Dame bereits in der 2. Hälfte des 12. Jh. in eine Universität umgewandelt wurde. Weltliches Wissen aber war zunächst noch antikes Wissen, und so wuchs auch wieder das Rezeptionsbedürfnis für Aristoteles. Im 12. Jh. machten die Scholastiker zuerst mit dem Rest des „Organon" und dann auch mit den übrigen Schriften Bekanntschaft. Das geschah durch zunehmende lateinische Übertragungen aus dem Griechischen und vor allem durch Vermittlung der Araber, bei denen seit der Mitte des 8. Jh. eine Renaissance griechischer Philosophie und Wissenschaft eingesetzt hatte. Dabei sind im islamischen Bereich gerade durch die Auseinandersetzung mit Aristoteles und durch die verschiedenartigen Versuche, sein philosophisches Konzept mit dem Koran zu versöhnen, viele Denker zu eigenständigen Leistungen gelangt, die wieder die scholastische Aneignung des Aristoteles geprägt haben. Unter ihnen zeichnet sich an Gewicht und Wirkung wohl Averroës aus, der durch die progressiven Elemente der aristotelischen Lehre zu ganz häretischen Auffassungen angeregt wurde. Er hat das Dilemma zwischen der eigenen Überzeugung und der von der herrschenden Macht verlangten Orthodoxie mit dem Grundsatz von der „doppelten Wahrheit" zu beseitigen versucht, den dann später Cesare Cremonini, einer seiner begeisterten Anhänger, auf die Formel brachte: „Im Inneren, wie man's für richtig hält, nach außen hin, wie's gefordert wird."
Ähnliche Auseinandersetzungen um Aristoteles, wie in der arabischen Welt, gab es auch im lateinischen Westeuropa, wo die kirchlichen Autoritäten zumeist ein vom augustinischen Neuplatonismus geformtes Christentum befürworteten und Teile der aristotelischen Lehre mehrfach verdammten. Wo weltliche Weisheit sich wenig frei entfalten konnte und auf eine Dienstleistungsfunktion im Rahmen der Theologie beschränkt wurde, wo also das Verhältnis von Wissen und Glauben oft mit der Beziehung von Magd und Herrin identifiziert wurde, mußte auch ein Aristoteles seiner neuen Rolle angepaßt werden. In dieser von den Vorurteilen und Interessen der Zeit notwendig geprägten Rezeption hat man seine dialektische Methode dann häufig ignoriert und seine Theorie dogmatisiert, hat „das Lebendige ... getötet und das Tote verewigt" (Lenin).
Dann aber trat Aristoteles seinen Siegeszug an und begann die Scholastik so zu beherrschen, daß ihre Geschichte weithin als Reihenfolge der Reaktionen auf die zunehmende Bekanntschaft mit den Schriften des Stagiriten verstanden werden kann. Diese Aristotelisierung

der Philosophie und Theologie hatte ihren Höhepunkt in den beiden systematischen „Summen" des Dominikaners Thomas von Aquin und war durch seinen Lehrer Albertus Magnus vorbereitet worden. Man kann sich kaum einen zureichenden Begriff von der weltweiten Resonanz des Aristoteles in den ersten Jahrhunderten des 2. Jahrtausends machen. Er hatte jene Philosophie und Terminologie geschaffen, auf deren Basis sich die damalige Intelligenz weit mehr verständigte als befehdete:

In Bagdad und Kairo, in Kordoba und Samarkand lenkt Aristoteles die Geister; der Kreuzfahrer und der Moslem vergessen ihres Streites, wenn sie sich in Lobpreisungen des griechischen Weisen überbieten. (Gomperz)

Freilich war auch in der Aristotelesaneignung das lateinische Mittelalter weit weniger dunkel und uniform, als noch bisweilen angenommen wird. Gerade in der Auseinandersetzung mit dem großen Griechen haben etwa die von Wilhelm von Ockham beeinflußten nominalistischen Scholastiker in Paris die Erneuerung der frühbürgerlichen Wissenschaft vorbereitet. Hier wurde Aristoteles mit fruchtbarer Skepsis verarbeitet, der, wie Ockham behauptet, vieles, was nun als aristotelisches Dogma gelte, selbst problematisch und skeptisch behandelt habe. Etwa zur gleichen Zeit meinte der von einer atomistischen Wirklichkeitsstruktur überzeugte Nikolaus von Autrecourt, daß jeder Gelehrte gut beraten sei, seine Erkenntnis auf die Dinge selbst und nicht bloß auf die Erkenntnis des Aristoteles über die Dinge zu lenken. Wie nötig solche Mahnung gewesen sein mag, zeigt noch um 1600 die Verlegenheit eines Cesare Cremonini, der in Padua seinem Kollegen Galilei die Bitte abschlug, durch das eben erfundene Fernrohr einen Blick zu den Sternen zu riskieren; denn als guter – oder richtiger schlechter – Aristoteliker war er überzeugt, daß nicht sein kann, was nach den Büchern des Meisters nicht sein darf. Kein Wunder, daß sich Copernicus, Kepler und Galilei dann mehr als Anhänger des von ihnen auf fruchtbare Weise mißverstandenen Platon gefühlt haben denn als Erben des „Scholastikers" Aristoteles. Und doch hat eben Galilei gemeint, daß es keineswegs genüge, Aristoteles einfach zu vergessen, um die Wissenschaft wieder in Gang zu bringen.
Der religiös überformte Aristoteles hat sich in Gestalt des Thomismus bis in die katholische Philosophie der Gegenwart hinübergerettet. Sonst aber trat der Stagirit in den folgenden Jahrhunderten in

den Hintergrund. Wichtig wird dann erst seine wissenschaftliche Wiederentdeckung im 19. und 20. Jh. Sie beginnt mit einem Loblied Hegels auf den Mann, dem kein Zeitalter einen gleichwertigen an die Seite stellen kann, und der im Todesjahr Hegels von I. Bekker begonnenen Berliner Akademie-Ausgabe: Aristotelis Opera edidit Academia Regia Borussia, die erstmals eine philologisch-kritische Textgrundlage bot. Ihr schloß sich die umfangreiche Ausgabe der griechischen Aristoteles-Kommentatoren (Berlin 1882–1909) an. Die folgende Forschung hat dann ein immer genaueres Abbild der aristotelischen Philosophie zu zeichnen versucht und damit eine endlose Aufgabe angepackt, die jederzeit und auch uns heute recht hilfreich sein kann. Denn Aristoteles bleibt eines der erstaunlichsten Beispiele dafür, was der Mensch an Intensität und Breite des Denkens erreichen kann.

Chronologie

<table>
<tr><td>384</td><td>Aristoteles geboren.</td></tr>
<tr><td>377</td><td>Gründung des 2. Attischen Seebundes unter Führung Athens.</td></tr>
<tr><td>371</td><td>Schlacht bei Leuktra; dadurch gewinnt Theben für 9 Jahre die Vormachtstellung in Griechenland.</td></tr>
<tr><td>370</td><td>Demokrit und Hippokrates, der Begründer der wissenschaftlichen Medizin, gestorben.</td></tr>
<tr><td>367</td><td>Platon reist für 2 Jahre nach Syrakus.
Aristoteles geht nach Athen und tritt in die Platonische Akademie ein, die in Vertretung Platons der Mathematiker und Astronom Eudoxos von Knidos leitet.</td></tr>
<tr><td>350</td><td>Praxiteles schafft die Knidische Aphrodite.</td></tr>
<tr><td>349</td><td>Demosthenes hält eine „Philippica", eine seiner berühmten, gegen die Eroberungspläne Philipps II. von Makedonien gerichteten Reden.</td></tr>
<tr><td>347</td><td>Aristoteles verläßt Athen und geht zu Hermias, dem Herrscher von Assos. Platon gestorben.</td></tr>
<tr><td>345</td><td>Aufenthalt in Mytilene auf Lesbos und Beginn der wissenschaftlichen Kooperation mit Theophrast.</td></tr>
<tr><td>344</td><td>Aristoteles geht nach Stageira.</td></tr>
<tr><td>343</td><td>Berufung des Aristoteles als Prinzenerzieher an den makedonischen Hof.</td></tr>
<tr><td>341</td><td>Epikur und der Komödiendichter Menander geboren.</td></tr>
<tr><td>340</td><td>Aristoteles heiratet die Schwester des von den Persern ermordeten Hermias und siedelt mit Theophrast wieder nach Stageira über.</td></tr>
<tr><td>338</td><td>Sieg Philipps II. über verbündete Griechen bei Chaironeia.</td></tr>
<tr><td>336</td><td>Ermordung Philipps II. und Thronbesteigung Alexanders des Großen.</td></tr>
<tr><td>335</td><td>Rückkehr des Aristoteles nach Athen und Gründung der peripatetischen Lehr- und Forschungsstätte im Gymnasium „Lykeion".</td></tr>
<tr><td>331</td><td>Gründung Alexandrias.</td></tr>
<tr><td>327–325</td><td>Alexanders Zug nach Indien in Begleitung zahlreicher Wissenschaftler. Praxiteles schafft seinen „Hermes". Tod Alexanders in Babylon. Bemühungen um die Wiederherstellung der Souveränität Athens durch Demosthenes.
Aristoteles verläßt Athen und geht nach Chalkis auf Euböa.</td></tr>
<tr><td>322</td><td>Aristoteles stirbt an einer Krankheit im Alter von 63 Jahren.</td></tr>
</table>

Quellennachweis

[1] A 83 a 33
[2] B 1177 b 4
[3] A 81 a 38
[4] A 97 b 28
[5] E 184 a 21
[6] A 100 b 3
[7] A 81 b 3
[8] A 71 a 1
[9] A 71 b 6
[10] N 736 b 27
[11] K 1006 b 20
[12] K 1017 a 24
[13] I 427 b 11
[14] K 1025 b und 1059 b
[15] E 192 b 8
[16] E 200 b 12
[17] K 1010 a
[18] E 194 a
[19] K 991 b
[20] E 241 b 34
[21] O 698 b 9
[22] E 251 b 19
[23] E 217 b 29–224 a 16
[24] E 184 a 16
[25] A 99 b–100 b
[26] E 212 a 20
[27] E 215 a 20
[28] I 419 a 11

[29] G 294 b
[30] G 302 a
[31] G 299 a 2
[32] G 306 a 8
[33] K 1076 a und 1086 a
[34] B 1094 b 12
[35] N 778 a 4
[36] E 230 b 25 und 265 b 13
[37] G 277 a
[38] G 272 a
[39] K 1073 b
[40] G 291 a–b
[41] G 292 a
[42] G 296 b
[43] G 298 a
[44] F 362 b 27
[45] I 428 b 4
[46] F 340 a 6
[47] F 345 b 1
[48] G 270 b
[49] G 310 b
[50] F 344 a 25
[51] F 344 b 30
[52] F 344 a 5
[53] M 491 a
[54] L 687 a
[55] L 666 b
[56] L 688 b

Literatur

Schriften des Aristoteles (Auswahl)

A   Zweite Analytik. Übers. von E. Rolfes. In: Organon Bd. 2. Leipzig 1948.
B   Nikomachische Ethik. Übers. von F. Dirlmeier. Berlin 1979.
C   Eudemische Ethik. Übers. von F. Dirlmeier. Berlin 1979.
D   Magna Moralia. Übers. von F. Dirlmeier. Berlin 1979.
E   Physikvorlesung. Übers. von H. Wagner. Berlin 1972.
F   Meteorologie. Übers. von H. Strohm. Berlin 1970.
G   Über den Himmel. Übers. von P. Gohlke. Paderborn 1958.
H   Über Werden und Vergehen. Übers. von P. Gohlke. Paderborn 1958.
I   Über die Seele. Übers. von W. Theiler. Berlin 1973.
K   Metaphysik. Übers. von F. Bassenge. Berlin 1960.
L   Über die Teile der Tiere. Übers. von A. von Frantzius. Leipzig 1853.
M   Tierkunde. Übers. von H. Aubert und F. Wimmer. Leipzig 1868.
N   Über die Zeugung und Entwicklung der Tiere. Übers. von H. Aubert und F. Wimmer. Leipzig 1860.
O   Über die Bewegung der Tiere. Ed. W. Jaeger. Leipzig 1913.

Personenregister

Biographien

hervorragender Naturwissenschaftler,

Techniker und Mediziner

Peter Schreiber, Greifswald

Euklid

159 Seiten mit 31 Abbildungen · Band 87
Kartoniert 7,50 M; Ausland 8,60 DM
Bestell-Nr. 666 375 8   Bestellwort: Schreiber, Euklid

Eine Biographie im üblichen Sinn des Wortes wird man in diesem
Buch nicht finden, denn über das Leben Euklids ist keine einzige
gesicherte Tatsache bekannt. Sein Name und das ihm zugeschrie-
bene Hauptwerk, die „Elemente", spielen jedoch seit rund 2 300
Jahren eine wichtige Rolle nicht nur in der Geschichte der Mathematik, sondern auch der Philosophie und der allgemeinen Kultur-
geschichte.
Der vorliegende Band umreißt kurz die Entwicklung der griechischen Mathematik bis Euklid und den historischen Rahmen, in dem
er vermutlich gelebt hat, unterzieht die zahlreichen Anekdoten,
Legenden und Hypothesen über ihn einer kritischen Durchsicht,
gibt einen Einblick in wesentliche, zum Teil sehr aktuelle mathematische Aspekte der „Elemente", einen Überblick über den Inhalt
und die Tradierungsgeschichte der übrigen Werke Euklids und
schildert dann unter vielen Gesichtspunkten den Weg der „Elemente" von der Spätantike bis ins 20. Jahrhundert.

BSB B. G. Teubner Verlagsgesellschaft · Leipzig

Ostwalds Klassiker der exakten Wissenschaften

Euklid

Die Elemente

Übersetzt aus dem Griechischen und herausgegeben von
C. Thaer

1. Teil (Buch I–III)
89 Seiten mit 103 Abbildungen. (Band 235 – Reprint)
Kartoniert DDR 13,– M; Ausland 13,– DM
Bestell-Nr. 6696541   Bestellwort: Euklid, Elemente 1

2. Teil (Buch IV–VI)
76 Seiten mit 77 Abbildungen. (Band 236 – Reprint)
Kartoniert DDR 11,– M; Ausland 11, – DM
Bestell-Nr. 6696533   Bestellwort: Euklid, Elemente 2

3. Teil (Buch VII–IX)
81 Seiten. (Band 240 – Reprint)
Kartoniert DDR 12,– M; Ausland 12,-- DM
Bestell-Nr. 6696525   Bestellwort: Euklid, Elemente 3

4. Teil (Buch X)
120 Seiten. (Band 241 – Reprint)
Kartoniert DDR 17,– M; Ausland 17,– DM
Bestell-Nr. 6696517   Bestellwort: Euklid, Elemente 4

5. Teil (Buch XI–XIII)
115 Seiten. (Band 243 – Reprint)
Kartoniert DDR 16,– M; Ausland 16, – DM
Bestell-Nr. 6696509   Bestellwort: Euklid, Elemente 5

AKADEMISCHE VERLAGSGESELLSCHAFT
GEEST & PORTIG K.-G. · LEIPZIG

Mathematiker in der Reihe

Band	Autor und Titel	Preis	Bestell-Nr.
15	Wußing, C. F. Gauß	4,70	665 700 8
34	Halameisär, N. I. Lobatschewski	4,60	665 870 5
45	Ilgauds, N. Wiener	4,80	665 983 9
50	Tobies, F. Klein	6,80	666 026 6
56	Thiele, L. Euler	9,60	666 045 0
77	Grabow, S. Stevin	6,80	666 250 1
79	Purkert, G. Cantor	6,80	666 252 8
87	Schreiber, Euklid	7,50	666 375 8